Rechnen für Wirtschafts- und Handelsschulen

von
Volker Holzer

12., überarbeitete Auflage, 2009
Druck 1, Herstellungsjahr 2009

© Bildungshaus Schulbuchverlage
Westermann Schroedel Diesterweg
Schöningh Winklers GmbH
Postfach 33 20, 38023 Braunschweig
Telefon 01805 996696*   Fax 0531 708-664
service@winklers.de
www.winklers.de
Druck: westermann druck GmbH, Braunschweig
ISBN 978-3-8045-**5107**-7

* 14 ct/min aus dem deutschen Festnetz, abweichende Preise aus
  den Mobilfunknetzen

Auf verschiedenen Seiten dieses Buches befinden sich Verweise (Links) auf Internetadressen.

Haftungshinweis: Trotz sorgfältiger inhaltlicher Kontrolle wird die Haftung für die Inhalte der externen Seiten ausgeschlossen. Für den Inhalt dieser externen Seiten sind ausschließlich deren Betreiber verantwortlich. Sollten Sie bei dem angegebenen Inhalt des Anbieters dieser Seite auf kostenpflichtige, illegale oder anstößige Inhalte treffen, so bedauern wir dies ausdrücklich und bitten Sie, uns umgehend per E-Mail davon in Kenntnis zu setzen, damit beim Nachdruck der entsprechende Verweis gelöscht wird.

51072

Vorbemerkungen zur Konzeption des Buches

Die methodische Grundkonzeption „Vom Leichten zum Schweren" wird bei der Stofferarbeitung und bei den Übungsaufgaben konsequent eingehalten. Somit kann das Buch in den verschiedensten Schultypen verwendet werden.

In welchen Schulen ist das Buch einsetzbar?

- ▶ Kaufmännische Berufsfachschulen (Wirtschaftsschulen)
- ▶ Höhere Handelsschulen (Berufskolleg I)
- ▶ Alle Schultypen, in denen grundlegende Kenntnisse des Wirtschaftsrechnens zu vermitteln sind.

Welche Ziele werden angestrebt?

- ▶ Motivation und hohe Anschaulichkeit unter Berücksichtigung der Lebens- und Erfahrungswelt des Schülers.
- ▶ Praxisorientierung
- ▶ Übungsorientierung: Übungsaufgaben auch als Einführungsbeispiel verwendbar (Auswahl in Abhängigkeit vom Begabungsniveau der Klasse)
- ▶ Möglichkeit zur selbstständigen Erarbeitung und Wiederholung des Stoffes
- ▶ Prüfungsorientierung
  - Übungsaufgaben mit Prüfungsniveau
  - Vermischte Übungen zur Prüfungsvorbereitung im letzten Kapitel

Das Lösungsheft enthält neben ausführlichen Lösungen auch methodische Unterrichtsvorschläge in Form von Motivationsalternativen, Tafelbildern usw.

Verfasser und Verlag wünschen allen Benutzern des Buches gute Lernerfolge und sind für Verbesserungsvorschläge dankbar.

Im Frühjahr 2009

Vorwort zur 12. Auflage
Aktualisiert wurden die Kapitel 5 und 11.

Verfasser und Verlag

Inhaltsverzeichnis

51074

1 Einführung in das Rechnen mit dem elektronischen Taschenrechner

Der Einsatz von elektronischen Taschenrechnern bringt u. a. folgende Vorteile:

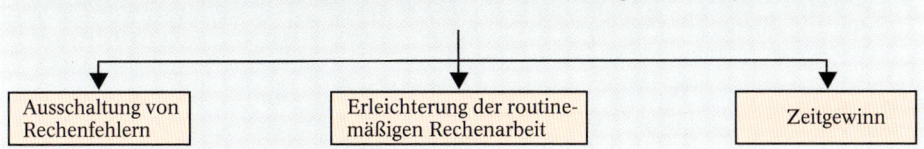

| Ausschaltung von Rechenfehlern | Erleichterung der routinemäßigen Rechenarbeit | Zeitgewinn |

Um den Taschenrechner möglichst optimal einsetzen zu können, muss der Schüler in der Lage sein, die einzelnen Rechenschritte einer Rechenaufgabe in logischer Folge in den Taschenrechner einzugeben.

Zu jedem neuen Lösungsweg wird daher in den einzelnen Kapiteln eine **Taschenrechnerlösung (Programmablaufplan)** angeboten.

In diesem Buch wird ein Taschenrechner zugrunde gelegt, der mit den für das kaufmännische Rechnen dringend notwendigen Rechenfunktionen ausgestattet ist. Werden Taschenrechner mit weiteren bzw. abweichenden Funktionen angewendet, kann gelegentlich ein abweichender Programmablaufplan sinnvoll sein.

| **Grundsatz** | Lesen Sie zunächst die Bedienungsanleitung zu Ihrem elektronischen Taschenrechner. |

Beschreibung eines möglichen Tastenfeldes eines elektronischen Taschenrechners:

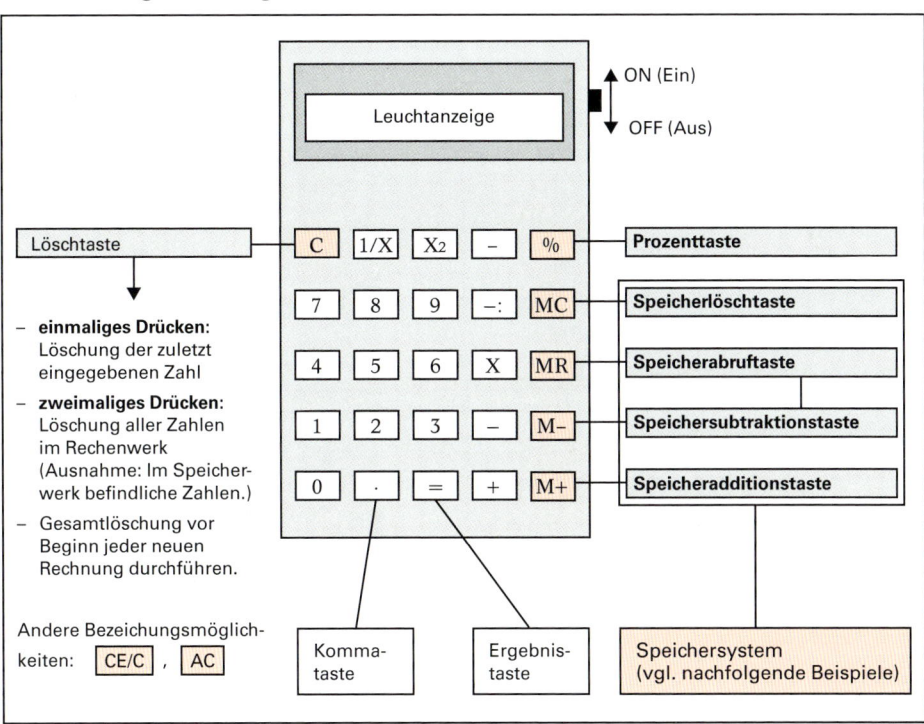

Jeder Taschenrechner arbeitet nach folgendem Prinzip:

Eingabe ☞	Verarbeitung der Zahlen	→ Ausgabe (Anzeige)
der Zahlen und Rechenbefehle		der Zahlen und Ergebnisse im Anzeigenfeld

Die **Taschenrechnerlösungen** (Programmablaufpläne) sind in diesem Buch dementsprechend dargestellt:

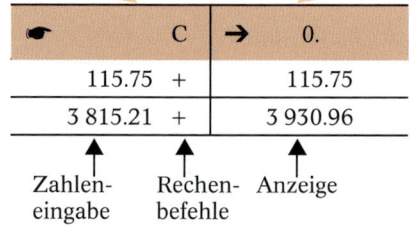

☞	C	→	0.
115.75	+		115.75
3 815.21	+		3 930.96

Zahleneingabe   Rechenbefehle   Anzeige

Beispiele zur Anwendung des Taschenrechners (Programmablaufpläne)

①
$$\begin{array}{r} 115{,}75 \\ +\quad 1\,305{,}64 \\ +\quad 5\,216{,}39 \\ \hline 6\,637{,}78 \end{array}$$

②
$$\begin{array}{r} 4\,705{,}76 \\ -\quad 3\,815{,}21 \\ +\quad 9\,916{,}25 \\ \hline 10\,806{,}80 \end{array}$$

☞	C	→	0.
115.75	+		**115.75**
1 305.64	+		**1 421.39**
5 216.39	=		**6 637.78**

☞	C	→	0.
4 705.76	−		**4 705.76**
3 815.21	+		**890.55**
9 916.25	=		**10 806.8**

③ $13{,}4 \cdot 15{,}2 = 203{,}68$

☞	C	→	0.
13.4	«		**13.4**
15.2	=		**203.68**

④ $314{,}16 : 13{,}2 = 23{,}8$

☞	C	→	0.
314.16	:		**314.16**
13.2	=		**23.8**

⑤ $314 \cdot 7 \cdot 5 = 10990$

☞	C	→	0.
314	x		**314.**
7	x		**2 198.**
5	=		**10 990.**

⑥ $\dfrac{314 \cdot 7 \cdot 5}{50 \cdot 4} = \underline{\underline{54{,}95}}$

☞	C	→	0.
314	x		**314.**
7	x		**2 198.**
5	:		**10 990.**
50	:		**219.8**
4	=		**54.95**

51078

⑦
$$17 \cdot 12{,}75 = 216{,}75$$
$$+ \quad 24 \cdot \ 9{,}37 = 224{,}88$$
$$+ \quad 11 \cdot 11{,}92 = 131{,}12$$
$$\overline{572{,}75}$$

In diesem Beispiel sind mehrere Zwischenergebnisse zu notieren. Mithilfe des elektronischen Speichers wird unnötiges Aufschreiben und erneutes Eingeben von Zwischenergebnissen vermieden:

☛	C	→	0.	
17	X		17.	
12.75	M+		216.75	M
24	X		24.	M
9.37	M+		224.88	M
11	X		11.	M
11.92	M+		131.12	M
	MR		572.75	M
	MC		572.75	

M+ Positive Speicherung der Zahlen. Bei Abruf **MR** werden die Zahlen addiert.

M im Anzeigenfeld zeigt an, dass sich im Speicher eine oder mehrere Zahlen befinden.

MR **RM** Alle im Speicher befindlichen Zahlen erscheinen im Beispiel in einer Summe auf dem Anzeigenfeld.

MC bzw. **CM** Löschung des Speicherinhaltes. Die **C**-Taste kann diese Funktion nicht erfüllen.

Anmerkungen:

Die Programmablaufpläne dieses Buches gelten für einen ausgewählten Taschenrechner. Bei der Vielzahl der auf dem Markt befindlichen Taschenrechner können geringfügige Abweichungen – insbesonders hinsichtlich des Speichersystems – auftreten.

So ist bei verschiedenen Taschenrechnern nach Ausführung einer Multiplikation und nachfolgender Speicherung des Ergebnisses (vgl. oben ⑦) vor Anwendung der Speichertaste **M+** bzw. **M−** zunächst die **=** -Taste zu drücken.

Bei einigen Taschenrechnern existiert lediglich eine Taste **MR/MC**. Einmaliges Drücken bewirkt dann einen Abruf der gespeicherten Zahlen, zweimaliges Drücken eine Löschung des Speicherinhaltes.

Die Programmablaufpläne können bei derartigen Abweichungen problemlos dem jeweiligen Taschenrechner angepasst werden.

2   Der Dreisatz

2.1   Der einfache Dreisatz mit geraden Verhältnissen

Beispiel mit Lösung

Aufgabe

Dem Außendienstmitarbeiter Fritz Schmude werden von seinem Arbeitgeber sämtliche Fahrtkosten – abhängig von den gefahrenen Kilometern – erstattet. Im vergangenen Jahr erhielt er für Geschäftsfahrten von insgesamt 22 550 km einen Kostenersatz von 9.471,00 €. Welcher Betrag wird ihm in diesem Jahr ausgezahlt, wenn er 26 380 km geschäftlich unterwegs war?

Lösung

Gegeben: Für 22 550 km werden 9.471,00 € bezahlt ➜ Bedingungssatz
Gesucht: Für 26 380 km werden   x   € bezahlt ➜ Fragesatz

$22\,550 \text{ km} = 9.471,00 \text{ €}$

$1 \text{ km} = \dfrac{9.471,00}{22\,550} \text{ €}$

$26\,380 \text{ km} = \dfrac{9.471,00 \cdot 26\,380}{22\,550} \text{ €}$

$26\,380 \text{ km} = 11.079,60 \text{ €}$

weniger km – **weniger €**
mehr km – **mehr €**

} gerade Verhältnisse

Ergebnis: Herr Schmude erhält einen Kostenersatz in Höhe von 11.079,60 €.

Lösungsweg

1. Stellen Sie den Bedingungssatz so auf, dass die Fragebenennung (hier €) am Schluss steht.
2. Setzen Sie den Fragesatz darunter. Gleiche Benennungen untereinander.
3. Schließen Sie von der gegebenen Vielheit (22 550 km) auf die Einheit (1 km): Für 1 km wird der 22 550. Teil vergütet. Schließen Sie nun von der Einheit auf die gesuchte Vielheit (26 380 km): Für 26 380 km wird das 26 380-Fache bezahlt.

Kurzlösung

Frageglied

$\begin{array}{l} 22\,550 \text{ km} = 9.471,00 \text{ €} \\ 26\,380 \text{ km} = \quad x \quad \text{ €} \end{array}$ $x = \dfrac{9.471,00 \cdot 26\,380}{22\,550} = \underline{\underline{11.079,60 \text{ €}}}$

Anmerkung zur Kurzlösung

Für 26380 km werden auf alle Fälle mehr Kosten erstattet als für 22 550 km, also mehr als 9.471,00 €. Folglich ist die Zahl 9.471 mit einer Zahl zu multiplizieren, die größer als 1 ist. Somit gilt:

$\dfrac{9.471,00 \cdot 26\,380}{22\,550} = \underline{\underline{11.079,60 \text{ €}}}$

größer als 1

510710

Übungen

1. Ein Arbeitnehmer erhält für 36 Arbeitsstunden einen Bruttolohn von 450,00 €. Wie hoch ist sein Bruttolohn bei 38 Arbeitsstunden?

2. Ein Verkäufer erhält für den Monat Juli eine Verkaufsprämie von 1.290,00 € bei einem Monatsumsatz von 64.500,00 €. Wie viel Euro beträgt die Verkaufsprämie für den Monat August, wenn er einen Mehrumsatz von 17.500,00 € erzielte?

3. Ein Motorrad verbraucht auf 100 km im Durchschnitt 6,8 Liter Benzin. Wie viel Liter werden für eine Urlaubsfahrt über 2 420 km benötigt?

4. Eine Aushilfskraft arbeitet in der Verpackungsabteilung einer Glasfabrik. Sie erhält für jeweils 20 verpackte Fernsehschirme 1,70 €. Wie hoch ist ihr jeweiliger Tageslohn, wenn sie am

1. Tag	790 Stück,	3. Tag	1 520 Stück,
2. Tag	1 120 Stück,	4. Tag	1 700 Stück verpackt?

5.

	Einkaufsmenge		Gesamtkosten	Wie viel kosten ...	
a)	430	kg	2.795,00 €	64	kg?
b)	712,8	kg	1.710,72 €	12	kg?
c)	42,5	kg	34,00 €	13,6	kg?
d)	127	Stück	1.682,75 €	20	Stück?
e)	319	Stück	63,80 €	500	Stück?
f)	20 $\frac{1}{4}$	m	141,75 €	30 $\frac{4}{5}$	m?
g)	37 $\frac{2}{5}$	m	336,60 €	50,7	m?

6. a) Ein Pkw der gehobenen Klasse verbraucht 12 Liter Benzin auf 100 km. Wie viel Benzinkosten fallen pro Jahr bei 34 000 km Fahrleistung an, wenn der Benzinpreis 1,00 € je Liter beträgt?

   b) Wie viel Euro Benzinkosten hätte der Autofahrer eingespart, wenn er einen Mittelklassewagen mit einem Benzinverbrauch von 8 Litern auf 100 km gefahren hätte?

7. Ein Bauherr kauft zur Dachisolierung 195 m² Mineralfaserwolle zum Gesamtpreis von 1.599,00 €. Nach der Montage stellt er fest, dass die erworbene Menge nicht ausreicht. Er kauft daher weitere 17 m², muss jedoch je m² im Vergleich zum ersten Einkauf einen Aufpreis von 1,60 € zahlen. Welchen Betrag muss er bereitstellen?

8. a) In einer Klasse mit 15 Schülern erhalten 3 Schüler einen Preis für ausgezeichnete schulische Leistungen. Wie viel Preise werden in der Parallelklasse mit 28 Schülern vergeben?

   b) Ein Spitzenläufer benötigt über 400 m 44 Sekunden. Welche Zeit benötigt er über 10 000 m?

   c) Ein Pkw mit 40 PS verbraucht 6 Liter Benzin auf 100 km. Wie hoch ist der Benzinverbrauch eines Pkw mit 160 PS?

2.2 Der einfache Dreisatz
mit ungeraden (umgekehrten) Verhältnissen

Beispiel mit Lösung

Aufgabe

20 Aushilfskräfte transportieren anlässlich einer Lagerräumung in 90 Minuten eine bestimmte Anzahl von Kisten gleicher Größe. Wie lange brauchen für die gleiche Menge 15 Aushilfskräfte bei exakt gleichem Arbeitstempo?

Lösung

Gegeben: 20 Aushilfskräfte brauchen 90 Minuten ➔ Bedingungssatz.
Gesucht: 15 Aushilfskräfte brauchen x Minuten ➔ Fragesatz.

20 Aushilfskräfte brauchen 90 Minuten.

1 Aushilfskräfte braucht 90 · **20** Minuten.
(theoretisch)

15 Aushilfskräfte brauchen $= \dfrac{90 \cdot \mathbf{20}}{\mathbf{15}}$ Minuten.

weniger Aushilfskräfte – **mehr** Zeit

mehr Aushilfskräfte – **weniger** Zeit

ungerade (umgekehrte) Verhältnisse

Ergebnis: 15 Aushilfskräfte brauchen 120 Minuten.

Lösungsweg

1. Stellen Sie den Bedingungssatz so auf, dass die gesuchte Größe (hier Minuten) am Schluss steht.
2. Notieren Sie den Fragesatz darunter. Achten Sie darauf, dass gleiche Benennungen untereinander stehen.
3. Schließen Sie von der gegebenen Vielheit (20 Aushilfskräfte) auf die Einheit (1 Aushilfskraft): 1 Aushilfskraft benötigt die 20-Fache Zeit.

   Schließen Sie nun von der Einheit auf die gesuchte Vielheit (15 Aushilfskräfte): 15 Aushilfskräfte benötigen den 15. Teil der Zeit.

Kurzlösung

Frageglied

20 Aushilfskräfte $=$ 90 Minuten $\quad x = \dfrac{90 \cdot \mathbf{20}}{15} = 120$ Minuten
15 Aushilfskräfte $=$ x Minuten

Anmerkung zur Kurzlösung

15 Aushilfskräfte benötigen auf alle Fälle **mehr** Zeit als 20 Aushilfskräfte, also mehr als 90 Minuten. Folglich ist die Zahl 90 mit einer Zahl zu multiplizieren, die größer als 1 ist. Somit gilt:

$$\frac{90 \cdot \mathbf{20}}{15} = 120$$

größer als 1

510712

Übungen

1. Der Heizölvorrat einer Firma reicht bei einem Tagesverbrauch von 33 Litern 190 Tage. In wie viel Tagen ist der gleiche Vorrat erschöpft, wenn der tägliche Verbrauch um 3 Liter gesenkt wird?

2. Der Bestand an Schreibmaschinenpapier reicht bei einem täglichen Bedarf von 420 Blatt noch 32 Tage. Wie lange reicht der Vorrat, wenn sich herausstellt, dass pro Tag nur 380 Blatt benötigt werden?

3. Der Biervorrat einer Getränkegroßhandlung reicht bei einem täglichen Verkauf von 800 Litern 20 Tage. Wie viel Tage reicht der gleiche Vorrat, wenn aufgrund einer Hitzeperiode der tägliche Verkauf um 200 Liter ansteigt?

4. Ein Schüler plant eine Urlaubsreise. Er schätzt, dass er pro Tag 28,00 € ausgeben wird. Seine Ersparnisse reichen dann 26 Tage. Um wie viele Tage könnte (müsste) er seinen Urlaub verlängern (verkürzen), wenn er tatsächlich pro Tag
   a) 24,00 €,
   b) 36,00 € ausgibt?

5. Ein junger Arbeitnehmer muss 15 Monate jeweils 120,00 € sparen, bis er sich ein Surfbrett leisten kann. Welcher monatliche Sparbetrag wäre nötig, wenn er
   a) bereits nach 12 Monaten,
   b) bereits nach 8 Monaten,
   c) erst nach 18 Monaten surfen möchte?

6. 10 Großhändler starten gemeinsam eine Werbekampagne, wobei jeder anteilige Kosten in Höhe von 1.940,00 € zu tragen hat. Wie hoch ist der Kostenanteil eines Großhändlers, wenn sich
   a) 13 Großhändler,
   b) 6 Großhändler beteiligt hätten?

7. Für die Beförderung einer bestimmter Menge Kies werden 10 Lkw mit je 9 Tonnen Ladegewicht benötigt. Wie viel Lkw mit je 10 Tonnen Ladegewicht müssten bereitgestellt werden, wenn die Beförderung in der gleichen Zeit erfolgen soll?

8. Bei einer Klassenfeier wurde eine Stereoanlage beschädigt. Wenn der Schaden auf alle 24 teilnehmenden Schüler umgelegt wird, muss jeder Schüler 11,00 € zahlen. Wie viel Euro entfallen auf einen Schüler, wenn
   a) 5 Schüler die Zahlung verweigern,
   b) sich 4 der Schüler, die nicht teilnahmen, zusätzlich beteiligen?

2.3   Vermischte Übungen

1. Ein Unternehmer tankte auf einer Geschäftsreise über 1 940 km 250 Liter Benzin. Wie viel Liter wurden durchschnittlich auf 100 km verbraucht?

2. Ein Schüler muss 18 Monate jeweils 40,00 € sparen, bis er sich eine Stereoanlage leisten kann. Wie viel Euro müsste er monatlich sparen, wenn er die Anlage
   a) bereits nach 14 Monaten,
   b) erst nach 20 Monaten beschaffen möchte?

3. Der Weinvorrat eines Weinhändlers reicht bei einem täglichen Verkauf von 350 Litern 120 Tage. In wie viel Tagen ist der gleiche Vorrat erschöpft, wenn der Tagesverkauf um 50 Liter ansteigt?

4. Der Weinvorrat eines Weinhändlers reicht bei einem täglichen Verkauf von 350 Litern 120 Tage. Wie lange reicht ein Vorrat von 50 000 Litern?

5. Wie hoch ist die Stundengeschwindigkeit, wenn eine Strecke von 78 km in 44 Minuten zurückgelegt wird?

6. Der Zigarrenvorrat eines Geschäftes reicht bei einem täglichen Verkauf von 25 Schachteln 20 Tage. Wie viel Tage reicht der gleiche Vorrat, wenn der tägliche Verkauf um
   a) 10 Schachteln ansteigt,
   b) 5 Schachteln sinkt?

7. Ein Vertreter erhält im Mai 2.150,00 € Verkaufsprämie für einen erzielten Umsatz von 85.600,00 €. Wie viel erhält er im Juni, wenn sein Umsatz um 8.400,00 € gesunken ist?

8. Für den Transport eines Erdhaufens werden 5 Lkw mit je 8 Tonnen Ladegewicht benötigt. Wie viel Lkw mit je 10 Tonnen Ladegewicht müssten bereitgestellt werden, wenn die Beförderung in der gleichen Zeit erfolgen soll?

9. Ein jugendlicher Skispringer erreichte nach einem Trainingsjahr auf einer Schanze in Oberstdorf 38 m. Welche Weite erzielte er ein Jahr später, wenn er sein Trainingspensum verdoppelte?

2.4   Der zusammengesetzte Dreisatz (Vielsatz)

Beispiel mit Lösung

Aufgabe

20 Aushilfskräfte transportieren anlässlich einer Lagerräumung in 90 Minuten 800 Kisten gleicher Größe. Wie lange brauchen 15 Aushilfskräfte für den Transport von 700 Kisten bei exakt gleichem Arbeitstempo?

510714

Lösung

Gegeben: 20 Aushilfskräfte transportieren 800 Kisten in 90 Minuten.
Gesucht: 15 Aushilfskräfte transportieren 700 Kisten in x Minuten.

1. Überlegung: Umrechnung von 20 auf 15 Aushilfen:

20 Aush. transportieren 800 Kisten in 90 Min.

  1 Aush. transportiert   800 Kisten in 90 · **20** Min.

15 Aush. transportieren 800 Kisten in $\dfrac{90 \cdot 20}{\mathbf{15}}$ Min.

weniger Aush. – **mehr** Zeit

mehr Aush. – **weniger** Zeit

ungerades Verhältnis

2. Überlegung: Umrechnung von 800 auf 700 Kisten:

15 Aush. transportieren 800 Kisten in 90 · 20   15   Min.

15 Aush. transportieren   1 Kiste (theoretisch)

in $\dfrac{90 \cdot 20}{15 \cdot \mathbf{800}}$ Min.

weniger K. – **weniger** Zeit

15 Aush. transportieren 700 Kisten in $\dfrac{90 \cdot 20 \cdot \mathbf{700}}{15 \cdot 800}$ Min.

mehr K. – **mehr** Zeit

$= 105$ Min.

gerades Verhältnis

Ergebnis: 15 Aushilfskräfte transportieren 700 Kisten in 105 Minuten.

Kurzlösung

Frageglied

Gegeben: 20 Aufhilfen transportieren 800 Kisten in 90 Minuten.
Gesucht: 15 Aushilfen transportieren 700 Kisten in x Minuten.

Entwickeln Sie sofort den sich ergebenden Bruch:

$$x = \frac{90 \cdot 20 \cdot 700}{15 \cdot 800} = 105 \text{ Minuten}$$

Lösungsweg zur Kurzlösung

1. Setzen Sie die gegebene Zahl des Fragegliedes (hier 90) in den Zähler des Bruches:

$$x = \frac{90 \ldots}{\ldots}$$

2. Frage: Brauchen 15 Aushilfskräfte **mehr oder weniger** Minuten als 20 Aushilfskräfte?

  Antwort: Mehr Minuten. Setzen Sie also die höhere Zahl (20) in den Zähler, die kleinere Zahl (15) in den Nenner, damit die gegebenen 90 Minuten vergrößert werden:

$$x = \frac{90 \cdot 20 \ldots}{15 \ldots}$$

3. Frage: Braucht man für 700 Kisten **mehr oder weniger** Minuten als für 800 Kisten?

  Antwort: Weniger Minuten. Setzen Sie also die kleinere Zahl (700) in den Zähler, die höhere (800) in den Nenner, damit das bisherige Ergebnis verkleinert wird:

$$x = \frac{90 \cdot 20 \cdot 700}{15 \cdot 800} = 105 \text{ Minuten}$$

Übungen

1. Die Sportler eines Vereines stellen jedes Jahr anlässlich einer Sportveranstaltung ein Bierzelt, mehrere Schießbuden, Würstchenstände usw. auf. Im letzten Jahr benötigten 10 Sportler bei einer täglichen Arbeitszeit von 4 Stunden 6 Tage.

   Dieses Jahr müssen die gleichen Vorbereitungen bereits in 4 Tagen bei einer täglichen Arbeitszeit von 5 Stunden vollendet werden. Wie viele Sportler sind einzusetzen, wenn ansonsten gleiche Bedingungen vorliegen? (Lösung zunächst durch Kopfrechnen.)

2. Für Inventurarbeiten wurden im letzten Jahr 9 Angestellte bei einer täglichen Arbeitszeit von 8 Stunden 4 Tage eingesetzt. Dieses Jahr sollen sich nur 6 Angestellte täglich 6 Stunden mit Inventurarbeiten beschäftigen. In wie viel Tagen sind die Arbeiten abgeschlossen?

3. Ein Unternehmen presste bisher in einem Monat mit 6 Maschinen 60 000 Bleche bei einer 6-Tage-Woche und 8-stündiger Arbeitszeit je Tag.

   Wie viel Bleche können bearbeitet werden, wenn 8 Maschinen bei einer 5-Tage-Woche und einer täglichen Arbeitszeit von 9 Stunden zur Verfügung stehen?

4. In einem Neubaugebiet wurden zwei exakt gleiche Hochhäuser errichtet. Für die Montage von Jalousien benötigten beim ersten Hochhaus 10 Arbeiter bei einer täglichen Arbeitszeit von 8 Stunden 14 Tage. Beim zweiten Hochhaus müssen die Jalousien in 8 Tagen bei einer täglichen Arbeitszeit von 10 Stunden montiert werden. Wie viele Arbeiter müssen zusätzlich eingesetzt werden?

5. 14 Ferienjobber erhalten in 5 Tagen bei einer täglichen Arbeitszeit von 8 Stunden insgesamt 4.000,00 € Lohn. Wie viel werden eingestellt, wenn die Lohnsumme für 10 Tage bei einer täglichen Arbeitszeit von 7 Stunden und sonst gleichen Bedingungen 5.000,00 € betragen soll?

6. Um ein Wasserbecken in 8 Stunden zu füllen, sind 4 Rohrleitungen mit einer Leistung von 140 Litern je Minute notwendig. Nach wie viel Stunden, Minuten und Sekunden kann ein Becken gefüllt werden, das halb so groß ist und von 3 Rohrleitungen mit einer Minutenleistung von 90 Litern gefüllt wird?

7. Eine 12-köpfige Arbeitskolonne benötigt für einen 800 m² großen Betonsockel 6 Stunden. Wie viel Stunden braucht eine andere Arbeitsgruppe mit 10 Mann für einen 900 m² großen Betonsockel derselben Stärke, wenn das Arbeitstempo dieser Gruppe um $^1/_{10}$ schneller ist?

8. 5 Lkws mit je 6 Tonnen Ladefähigkeit transportieren bei täglich 12 Fahrten in 9 Tagen einen Erdhaufen.

   Für den Abtransport eines anderen Erdhaufens, der dreimal so groß ist, werden 3 weitere Lkws eingesetzt. Alle Lkws können jedoch nur 10 Fahrten täglich machen.

   Wie viel Tage werden benötigt, wenn die Ladefähigkeit der zusätzlich eingesetzten Lkws lediglich 5 Tonnen beträgt?

9. 4 Arbeiter brauchen für eine Auftragserledigung 12 Tage. Wie viel Tage benötigen 6 Arbeiter für die Erledigung eines halb so großen Auftrags?

510716

3   Die Verteilungsrechnung
(Verteilung von Kosten, Gewinnen und Kapitalien)

Beispiel 1 mit Lösung

Aufgabe

Die Arbeitskollegen Abt, Barth und Dorn haben sich zu einer „Lottogemeinschaft" zusammengeschlossen und setzen gemeinsam monatlich insgesamt 60,00 € ein. Abt zahlt hiervon 35,00 €, Barth 15,00 € und Dorn 10,00 €.

Verteilen Sie einen Lottogewinn von 300,00 € gerecht auf die drei Spieler.

Lösung

Natürlich würde sich insbesondere Abt gegen eine gleichmäßige Verteilung (jeder Spieler 100,00 €) wehren, denn entsprechend seinem höheren Einsatz erwartet er auch einen höheren Gewinnanteil.

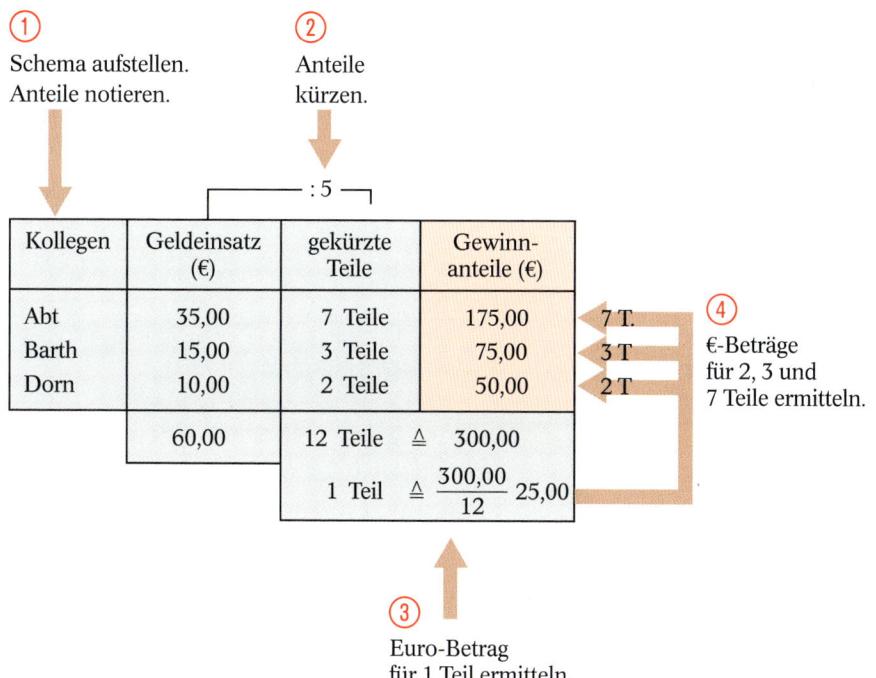

Die Kürzung der Anteile (②) erfolgt lediglich zur Vereinfachung der Rechnung. Rechenweg ohne Kürzung:

35 Teile + 15 Teile + 10 Teile = 60 Teile

60 Teile ≙ 300,00 €
35 Teile ≙   x   € $x = \dfrac{300,00 \cdot 35}{60} = \underline{\underline{175,00 \,€}}$ usw.

Übungen A

1. An einem Unternehmen sind die Gesellschafter A mit 52.000,00 €, B mit 48.000,00 € und C mit 80.000,00 € beteiligt. Der Gewinn von 101.250,00 € soll im Verhältnis der Kapitalanteile verteilt werden. Welchen Gewinnanteil erhält jeder Gesellschafter?

2. A, B und C beteiligen sich an einem einmaligen Geschäft mit 12.000,00 €, 18.000,00 € und 21.000,00 €. Ein Gewinn in Höhe vom 11.084,00 € ist im Verhältnis der Kapitalanteile zu verteilen.

3. Der Bau eines Gehweges kostet die Gemeinde 20.880,00 €. Die Kosten sollen auf die Bewohner im Verhältnis ihrer jeweils angrenzenden Grundstückslängen umgelegt werden. Wie viel Euro entfallen auf A mit 32 m, B mit 28 m, C mit 20 m und D mit 16 m anteiliger Grundstückslänge?

4. In einem Großhandelsbetrieb sind die jährlichen Heizölkosten in Höhe von 12.672,00 € auf die Abteilungen Lager (360 m^2) und Verwaltung (130 m^2) sowie die Privatwohnung des Inhabers (150 m^2) im Verhältnis der Flächen umzulegen. Wie viel Euro Heizölkosten entfallen auf jeden Bereich?

5. Ein Großhändler erwirbt 375 kg Mehl, 75 kg Haferflocken, 420 kg Zucker und 180 kg Salz. Verteilen Sie die Bezugskosten in Höhe von 74,90 € nach dem Gewicht auf die einzelnen Warensorten.

6. Verteilen Sie folgende Kapitalien nach folgendem Verteilungsschlüssel:

	Kapital	Verteilungsschlüssel
a)	8.730,00 €	8 : 5 : 4 : 1
b)	72.418,50 €	12 : 5 : 2
c)	224.712,00 €	7 : 4 : 3 : 2
d)	12.468,50 €	5 : 3 : 2 : 1

Gewinnverteilung bei der offenen Handelsgesellschaft (OHG)

An einer OHG sind mehrere Gesellschafter mit in der Regel verschieden hohen Kapitalien beteiligt. Der Jahresgewinn laut GuV-Konto muss auf die Gesellschafter verteilt werden. Falls im Gesellschaftsvertrag keine Vereinbarungen über die Gewinnverteilung getroffen sind, gilt folgende gesetzliche Regelung (§ 121 HGB):

1. Jeder Gesellschafter erhält zunächst
   4 % seines Kapitalanteils
   zum Anfang des Geschäftsjahres.

2. Ist der Gesamtgewinn durch 1. noch nicht verbraucht, wird der
   Restgewinn nach Köpfen
   verteilt. Das heißt bei 3 Gesellschaftern: Jeder Gesellschafter erhält $\frac{1}{3}$ des Restgewinnes – unabhängig von der Höhe seines Kapitalanteils.

3. Ist der Gesamtgewinn niedriger als 4 % der Kapitalanteile, so ist er mit einem entsprechend niedrigeren Satz zu verteilen.

4. Ein Jahresverlust ist auf alle Gesellschafter gleichmäßig („nach Köpfen") zu verteilen.

510718

Beispiel 2 mit Lösung: Gewinnverteilung bei Personengesellschaften

Aufgabe

Die Geschwister Otto, Florian und Eleonore Pohl betreiben gemeinsam eine Möbelgroßhandlung, die in der Rechtsform einer OHG geführt wird. Sie sind mit 300.000,00 € (Otto), 350.000,00 € (Florian) und 450.000,00 € (Eleonore) Kapital beteiligt. Der Jahresgewinn von 167.000,00 € soll nach den gesetzlichen Vorschriften (4 % der Kapitalanteile, Rest nach Köpfen) verteilt werden.

a) Wie groß sind die Gewinnanteile der Gesellschafter?

b) Ermitteln Sie die Kapitalanteile am Jahresende, wenn die Privatentnahmen der Geschwister 23.000,00 € (Otto), 41.000,00 € (Florian) und 11.000,00 € (Eleonore) betrugen.

Lösung

Gewinnverteilungstabelle:

Gesell-schafter	Anfangs-kapital	4 %	Restgew. n. Köpfen	Gewinn-anteile insgesamt	Privat-entnahm.	End-kapital
Otto Pohl	300.000,00	12.000,00	41.000,00	53.000,00	23.000,00	330.000,00
Florian Pohl	350.000,00	14.000,00	41.000,00	55.000,00	41.000,00	364.000,00
Eleonore P.	450.000,00	18.000,00	41.000,00	59.000,00	11.000,00	498.000,00
	1.100.000,00	44.000,00	123.000,00	167.000,00	75.000,00	1.192 .000,00

$$
\begin{aligned}
\text{Jahresgewinn} \quad & 167.000,00 \\
- \quad & 44.000,00 \\
\hline
\text{Restgewinn} = \; & 123.000,00 \\
\text{Kopfanteil} = \; & 123.000,00 \quad : 3 \\
= \; & 41.000,00
\end{aligned}
$$

Kontrollrechnung:

1.100.000,00 € + 44.000,00 € + 123.000,00 € – 75.000,00 € = 1.192.000,00 €

Übungen B

1. Drei Geschwister betreiben gemeinsam eine Baustoffgroßhandlung in der Rechtsform einer OHG. Sie sind mit 112.000,00 € (Irene), 140.000,00 € (Helmut) und 274.000,00 € (Gottfried) Kapital beteiligt. Der Jahresgewinn von 84.430,00 € soll nach der gesetzlichen Vorschrift (4 % der Kapitalanteile, Rest nach Köpfen) verteilt werden.
   a) Welchen Gewinnanteil erhält jeder Gesellschafter?
   b) Wie viel Euro betragen die Kapitalanteile am Jahresende, wenn Irene 8.000,00 €, Helmut 32.000,00 € und Gottfried 15.000,00 € Privatentnahmen tätigten?

2. An der Greiner & Co. OHG sind die Gesellschafter Greiner mit 351.500,00 €, Fellner mit 284.200,00 € und Gröner mit 220.300,00 € beteiligt. Laut Gesellschaftsvertrag ist der Jahresgewinn von 212.800,00 € folgendermaßen zu verteilen: Jeder Gesellschafter erhält zunächst 8 % des Anfangskapitals, der Rest wird im Verhältnis 5 : 3 : 2 (Greiner : Fellner : Gröner) aufgeteilt.
   a) Welchen Gewinnanteil erhält jeder Gesellschafter?
   b) Ermitteln Sie die Endkapitalien unter Berücksichtigung der Privatentnahmen von Greiner (42.400,00 €), Fellner (43.900,00 €) und Gröner (34.700,00 €).

3. An einer Kommanditgesellschaft sind die Vollhafter A mit 61.500,00 € und B mit 78.400,00 € beteiligt, während der Teilhafter eine Kapitaleinlage von 28.000,00 € leistete. Vom Jahresgewinn in Höhe von 68.391,00 € erhält laut Gesellschaftsvertrag zunächst jeder Gesellschafter 9 % seiner Einlage, der Rest wird im Verhältnis 7 : 8 : 1 an A, B und C verteilt.
   Führen Sie die Gewinnverteilung durch.

4. An einer OHG sind die Gesellschafter A, B und C beteiligt. Im Gesellschaftsvertrag ist bezüglich der Gewinnverteilung festgelegt, dass das Anfangskapital mit 6 % verzinst wird. Ein Restgewinn wird im Verhältnis 4 : 4 : 2 verteilt. Die Kapitalsumme zum Jahresanfang beträgt 410.000,00 €, die Gewinnanteile der Gesellschafter betragen 22.000,00 € (A), 19.000,00 € (B) und 8.600,00 € (C).
   Ermitteln Sie anhand einer Tabelle
   a) die Restgewinn- und Zinsanteile der einzelnen Gesellschafter,
   b) die Kapitalanteile am Jahresanfang und Jahresende.

Beispiel 3 mit Lösung: Verteilung nach Bruchteilen

Aufgabe

Vier Arbeitskollegen spielen in ihrer Freizeit in einer Tanzkapelle. Der Gewinn des letzten Jahres wird nach folgenden Gesichtspunkten verteilt: Dem bekannten Sänger stehen $\frac{1}{2}$, dem Gitarristen $\frac{1}{4}$, dem Orgelspieler $\frac{1}{6}$ und dem Schlagzeuger der Rest in Höhe von 800,00 € zu. Wie viel Euro Gewinn erhält jeder und wie hoch ist der Gesamtgewinn?

510720

Lösung

- Hauptnenner ermitteln (hier 12). Jeden Bruch auf den Hauptnenner erweitern.
- Restgewinnanteil: $\dfrac{6}{12} + \dfrac{3}{12} + \dfrac{2}{12} = \dfrac{11}{12}$

Rechnung vereinfachen: Zähler der einzelnen Brüche als Teile ansetzen.

$\dfrac{12}{12} + \dfrac{11}{12} + \dfrac{12}{12}$ Rest

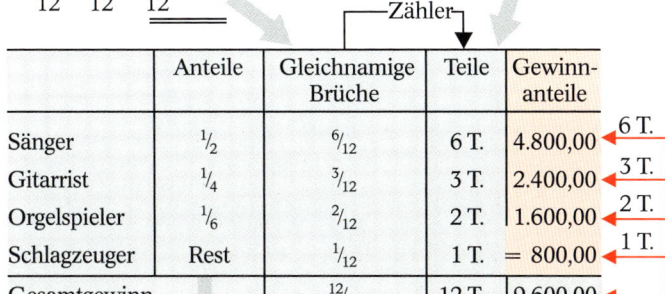

③

Die weitere Vorgehensweise ist aus Beispiel 1 bekannt.

	Anteile	Gleichnamige Brüche	Teile	Gewinn-anteile	
Sänger	$\frac{1}{2}$	$^6/_{12}$	6 T.	4.800,00	6 T.
Gitarrist	$\frac{1}{4}$	$^3/_{12}$	3 T.	2.400,00	3 T.
Orgelspieler	$\frac{1}{6}$	$^2/_{12}$	2 T.	1.600,00	2 T.
Schlagzeuger	Rest	$^1/_{12}$	1 T.	= 800,00	1 T.
Gesamtgewinn		$^{12}/_{12}$	12 T.	9.600,00	

Hauptnenner = 12

Übungen C

1. Von den Baukosten einer gemeinsamen Lagerhalle trägt Firma A $\frac{1}{5}$, Firma B $\frac{1}{6}$, Firma C $\frac{1}{12}$ und Firma D 412.500,00 €.
   a) Wie viel zahlte jeder?
   b) Wie hoch waren die Kosten der Lagerhalle insgesamt?

2. Drei berühmte Sportler erhalten für ihre Teilnahme an einer Sportshow ein Honorar ausgezahlt. Vereinbarungsgemäß bekommen hiervon der Fußballer $\frac{1}{4}$, der Leichtathlet $\frac{1}{5}$ und der Turner $\frac{1}{6}$. Der Rest in Höhe von 7.130,00 € soll als Spende an die Deutsche Sporthilfe weitergeleitet werden.

   Führen Sie die Verteilung durch.

3. Beim Kauf einer Segeljacht beteiligen sich Bleich mit $\frac{1}{4}$, Schnorr mit $\frac{1}{5}$, Knobel mit $\frac{1}{8}$ und Tröger mit dem Rest in Höhe von 16.813,00 €.
   a) Wie viel zahlte jeder? b) Wie teuer war die Segeljacht?

4. Wie viel Euro betrug der Gewinn, der auf die Gesellschafter nach folgenden Bruchteilen verteilt wurde:

	Gesellschafter	Bruchteile		Gesellschafter	Bruchteile
a)	A	$\frac{1}{4}$	c)	A	$^2/_3$
	B	$\frac{1}{2}$		B	$\frac{1}{6}$
	C	11.175,00		C	$\frac{1}{8}$
				D	2.862,50
b)	A	$\frac{1}{4}$	d)	A	$^2/_5$
	B	$\frac{1}{6}$		B	$\frac{1}{6}$
	C	27.055,00		C	14.170,00

5. Kosten in Höhe von 600.000,00 € sollen auf die Kostenstellen so verteilt werden, dass die Kostenstelle A doppelt so viel wie Kostenstelle B und Kostenstelle C 20.000,00 € weniger als A zu tragen hat.

Wie viel Euro Kosten entfallen auf jede Kostenstelle?

Beispiel 4 mit Lösung: Berücksichtigung von Vorleistungen

Aufgabe

An einer Maschinenfabrik sind die Gesellschafter A mit 200.000,00 €, B mit 240.000,00 € und C mit 300.000,00 € beteiligt. Der Jahresgewinn beträgt 130.000,00 €. Laut Gesellschaftsvertrag erhält A für seine erbrachte Mehrarbeitsleistung eine Vorwegvergütung in Höhe von 10.000,00 €. Der Gewinnanteil des B wird demgegenüber für die private Nutzung einer Firmenwohnung vorweg um 5.800,00 € gekürzt. Die Restgewinnverteilung erfolgt im Verhältnis der Kapitalanteile zu Beginn des Geschäftsjahres. Führen Sie die Gewinnverteilung durch und ermitteln Sie die neuen Endkapitalien.

Lösung

Gewinnanteile insgesamt

: 20.000   Vorleistungen

Gesell-schafter	Anfangs-kapital	Teile	Vorweg-vergütung bzw. Vorweg-abzug	Restgewinn 10 : 12 : 15	Gewinn-anteile insgesamt	End-kapital
A	200.000,00	10 T.	+ 10.000,00	34.000,00	44.000,00	244.000,00
B	240.000,00	12 T.	− 5.800,00	40.800,00	35.000,00	275.000,00
C	300.000,00	15 T.		51.000,00	51.000,00	351.000,00
	740.000,00	37 T.	+ 4.200,00	125.800,00	130.000,00	870.000,00

Jahresgewinn 130.000,00
− 4.200,00
Restgewinn 37 T. ≙ 125.800,00
1 T. ≙ 3.400,00

Übungen D

1. Eine OHG erzielte einen Jahresgewinn von 142.208,00 €. Die Beteiligungen der Gesellschafter zum Jahresanfang lauten: A: 64.000,00 €; B: 96.000,00 €; C: 72.000,00 €.

   A und B sollen laut Gesellschaftsvertrag zunächst eine Vorwegvergütung für Geschäftsführertätigkeit in Höhe von je 8.000,00 € erhalten. Jeder Gesellschafter erhält eine Kapitalverzinsung von 5 %. Der Restgewinn wird im Verhältnis der Beteiligungen verteilt.

   a) Führen Sie die Gewinnverteilung durch.
   b) Wie hoch sind die Kapitalanteile am Jahresende, wenn A 37.000,00 €, B 45.600,00 € und C 31.400,00 € für Privatzwecke entnahmen?

510722

2. An einer OHG sind die Gesellschafter A mit 185.400,00 €, B mit 218.300,00 € und C mit 201.200,00 € beteiligt. Der Gewinn von 182.600,00 € ist laut Gesellschaftsvertrag zu verteilen:
C erhält vorab für seine besondere berufliche Qualifikation 12.000,00 €. A, B und C erhalten dann auf ihre Kapitalanteile 8 % Zinsen, der Restgewinn ist nach Köpfen zu verteilen.
   a) Wie hoch sind die Gesamtgewinnanteile der einzelnen Gesellschafter?
   b) Wie viel Euro betragen die Endkapitalien, wenn A 29.600,00 €, B 51.400,00 € und C 31.100,00 € Privatentnahmen tätigten?

3. An einer KG sind die Vollhafter A mit 112.000,00 €, B mit 98.000,00 € sowie die Teilhafter C mit 192.000,00 € und D mit 65.000,00 € beteiligt. Der Reingewinn beträgt 74.800,00 €. Die Vollhafter erhalten vorab jeweils 18.000,00 €. Die Kapitaleinlagen aller Gesellschafter sollen mit 6 % verzinst werden. Die Restgewinnverteilung erfolgt nach Köpfen. Wie viel Euro betragen die gesamten Gewinnanteile der einzelnen Gesellschafter?

4. Bei der Verteilung eines Erbschaftsbarvermögens in Höhe von 238.000,00 € an vier gleichberechtigte Erben ist zu berücksichtigen, dass Erbe A für eine Weltreise bereits 12.000,00 €, Erbe B zur Finanzierung seines Studiums 36.000,00 € und Erbe C zum Kauf eines Motorbootes 19.000,00 € vorweg erhalten haben.
   Welche Summe erhält jeder Erbe unter Berücksichtigung der Vorleistungen ausbezahlt?

5. Eine Erbschaft in Höhe von 440.000,00 € soll auf die drei Erben A, B und C im Verhältnis 4 : 2 : 1 aufgeteilt werden, wobei zu berücksichtigen ist, dass A bereits 120.000,00 € zur Finanzierung seines Hauses vorweg erhalten hat.

6. Der 99-jährige Gustav Groll macht sein Testament. Bezüglich der Verteilung seines Barvermögens in Höhe von 210.000,00 € entscheidet er sich folgendermaßen: Seine Gattin erhält $\frac{3}{8}$ nebst einer Sonderzahlung von 35.000,00 €. Seine drei Kinder bekommen je $\frac{1}{5}$, wobei bei seinem Sohn Gerolf 45.000,00 € Studienkosten und bei seiner Tochter Elisabeth 20.000,00 € erhaltene Aussteuer zu verrechnen sind.
   Wie viel Euro entfallen auf jeden Erben, wenn für den Kaninchenzüchterverein als Spende $\frac{1}{40}$ bestimmt ist?

4   Die Durchschnittsrechnung

4.1   Der einfache Durchschnitt

Beispiel mit Lösung

Aufgabe

Eine Elektrogroßhandlung notierte folgende Bestände an Fernsehgeräten:

1. Jan.	152.000,00 €	30. Sept.	176.000,00 €
31. März	163.000,00 €	31. Dez.	21.000,00 €
30. Juni	104.000,00 €		

Ermitteln Sie den durchschnittlichen Lagerbestand.

Lösung

$$\text{Einfacher Durchschnitt} = \frac{152.000,00 + 163.000,00 + 104.000,00 + 176.000,00 + 21.000,00}{5}$$

$$= \underline{123.200,00\ \text{€}}$$

Merke	Einfacher Durchschnitt	=	$\dfrac{\text{Summe der Einzelbeträge}}{\text{Anzahl der Beträge}}$

Übungen

1. a) Eine Großhandlung ermittelte folgende Lagerbestände:

   – 1. Jan.   290.300,00 €   – 31. Dez.   310.700,00 €

   Ermitteln Sie den durchschnittlichen Lagerbestand.

   b) Angenommen, die Großhandlung hätte anhand einer genaueren Lagerbuchführung folgende Lagerbestände im Laufe des Jahres ermittelt:

– 1. Jan.	290.300,00 €	– 30. Sept.	905.400,00 €
– 31. März	640.200,00 €	– 31. Dez.	310.700,00 €
– 30. Juni	710.800,00 €		

   Ermitteln Sie den durchschnittlichen Lagerbestand und vergleichen Sie kritisch die Ergebnisse von a) und b).

2. Ein Bundesligaverein konnte bei den letzten 5 Heimspielen folgende Zuschauerzahlen notieren: 18 720, 12 053, 30 612, 9 787 und 24 010. Ermitteln Sie die durchschnittliche Zuschauerzahl.

3. Um eine Auszeichnung zu erhalten, benötigt ein Schüler im Fach Rechnungswesen eine 2. Der Schüler erhielt folgende Klassenarbeitsnoten: 2,2; 3,6; 3,8; 1,0. Erreicht der Schüler sein Ziel, wenn er für mündliche Leistungen die Note 1,5 erhält und die mündliche Note wie eine Klassenarbeit zählt?

4. 5 Ferienjobber erhielten in den letzten Sommerferien folgende Stundenlöhne: 5,20 €; 6,10 €; 6,90 €; 8,70 € und 10,40 €. Welcher durchschnittliche Stundenlohn wurde gezahlt?

510724

5. Eine Elektrogroßhandlung verzeichnete im Laufe eines Jahres folgende Umsätze:

	Fernsehgeräte	Rundfunkgeräte	Lautsprecherboxen
1. Quartal	413.500,00 €	290.300,00 €	50.100,00 €
2. Quartal	305.800,00 €	160.200,00 €	62.300,00 €
3. Quartal	470.100,00 €	330.800,00 €	61.200,00 €
4. Quartal	804.400,00 €	502.500,00 €	105.400,00 €

Ermitteln Sie den durchschnittlichen vierteljährlichen Umsatz
a) je Artikel,   b) insgesamt.

6. Ein Langstreckenläufer erzielte im letzten Jahr bei 4 Marathonläufen folgende Zeiten: 3 Std. 02 Min., 2 Std. 59 Min., 2 Std. 47 Min., 2 Std. 52 Min. Welche Zeit lief er durchschnittlich?

4.2 Der gewogene Durchschnitt

Einführung

Eine Verbraucherzeitschrift erkundigt sich bei einer Elektrogroßhandlung nach den im letzten Monat erzielten Durchschnittspreisen für Videogeräte der Marke Vidax 2000. Welchen Preis teilt der Verkaufsleiter mit, wenn 36 Geräte zu je 890,00 € sowie 4 Geräte zu je 710,00 € verkauft wurden?

Möglichkeit 1:   Einfacher Durchschnitt $= \dfrac{890,00 + 710,00}{2} = \underline{\underline{800,00\ €}}$

Die 4 zum Preis von 710,00 € veräußerten Geräte werden genauso stark berücksichtigt wie die 36 Geräte, die zum Preis von 890,00 € verkauft wurden. Die Angabe eines Durchschnittspreises von 800,00 € wäre also nicht korrekt.

Möglichkeit 2:   Die Menge wird berücksichtigt (gewogener Durchschnitt):

36 Geräte zu je 890,00 €	= 32.040,00 €
4 Geräte zu je 710,00 €	= 2.840,00 €
40 Geräte	= 34.880,00 €
1 Gerät	$= \dfrac{34.880,00}{40} = \underline{\underline{872,00\ €}}$

Der Verkaufsleiter teilt den einzig richtigen Durchschnittspreis von 872,00 € mit.

Beispiel mit Lösung

Aufgabe

Eine kaufmännische Schule erwarb zum Schuljahresbeginn 410 Bücher zum Preis von 36,00 € je Stück. Sechs Wochen später werden 20 weitere Bücher für später eingetretene Schüler benötigt. Sie können nur mehr zum Preis von 44,00 € je Stück bezogen werden. Ermitteln Sie

a) den einfachen Durchschnittspreis,

b) den gewogenen Durchschnittspreis eines Buches.

Lösung

a) Einfacher Durchschnittspreis $= \dfrac{36,00 + 44,00}{2} = \underline{\underline{40,00 \text{ €}}}$

b) Mengen   Einzelpreis

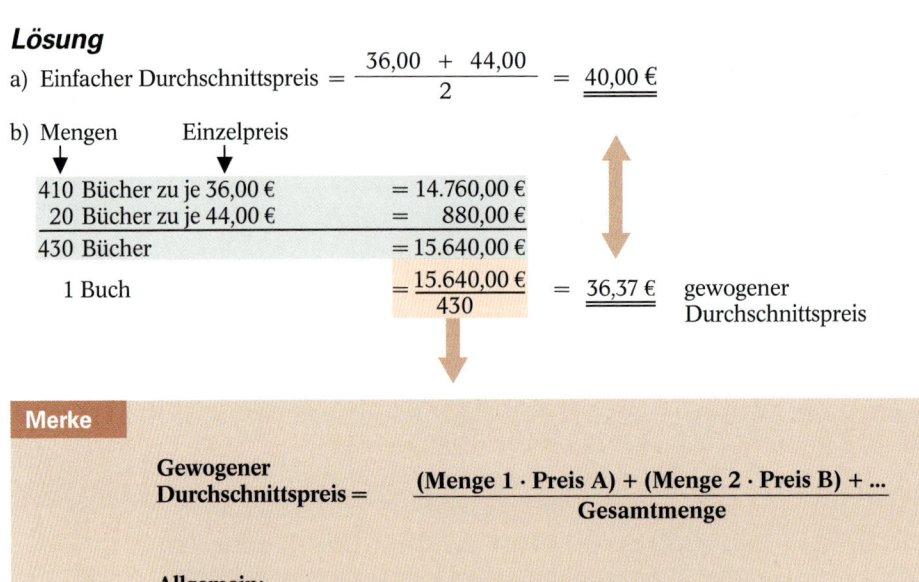

410 Bücher zu je 36,00 €	= 14.760,00 €
20 Bücher zu je 44,00 €	= 880,00 €
430 Bücher	= 15.640,00 €
1 Buch	$= \dfrac{15.640,00 \text{ €}}{430}$ $= \underline{\underline{36,37 \text{ €}}}$ gewogener Durchschnittspreis

Merke

Gewogener Durchschnittspreis = $\dfrac{\text{(Menge 1 · Preis A) + (Menge 2 · Preis B) + ...}}{\text{Gesamtmenge}}$

Allgemein:

Gewogener Durchschnitt = $\dfrac{\text{Summe der Produkte aus Menge und Wert}}{\text{Gesamtmenge}}$

Übungen

1. Eine Elektrogroßhandlung bezog im letzten Quartal Fernsehgeräte der Marke Visu-Color zu folgenden Preisen:

   – 280 Stück zu je   1.000,00 €
   – 120 Stück zu je   1.080,00 €
   – 170 Stück zu je   1.140,00 €
   – 20 Stück zu je   1.310,00 €

   Ermitteln Sie den gewogenen Durchschnittspreis.

510726

2. Eine Skigroßhandlung bezog Skier derselben Marke zu folgenden Preisen:
   - 260 Paar zu je   199,00 €
   - 85 Paar zu je   207,00 €
   - 125 Paar zu je   219,00 €
   - 110 Paar zu je   225,00 €

   Ermitteln Sie den gewogenen Durchschnittspreis.

3. Einer Fußballmannschaft wurden folgende Prämien ausbezahlt:
   - 6 Fußballer erhielten je   4.000,00 €
   - 4 Fußballer erhielten je   3.200,00 €
   - 3 Fußballer erhielten je   2.100,00 €
   - 2 Fußballer erhielten je   7.000,00 €

   Wie viel Euro Prämie wurden durchschnittlich je Spieler bezahlt?

4. Eine Jugendgruppe besucht eine Diskothek. 7 Jugendliche leisten sich Getränke im Wert von je 6,00 €, 4 Jugendliche im Wert von je 8,50 €, 3 Jugendliche begnügen sich mit einer Ausgabe von je 3,50 € und 1 Jugendlicher genehmigt sich einen Verzehr von 15,50 €. Wie viel Euro beträgt die durchschnittliche Ausgabe eines Jugendlichen?

5. Ein Unternehmen beschäftigte in den letzten Sommerferien 20 Ferienjobber, die folgende Stundenlöhne erhielten:
   - 8 Jobber verdienten   5,20 €
   - 5 Jobber verdienten   6,10 €
   - 2 Jobber verdienten   6,90 €
   - 4 Jobber verdienten   8,70 €
   - 1 Jobber verdiente   10,40 €

   Wie viel Euro beträgt der durchschnittliche Stundenlohn eines Ferienjobbers?

6. In einem Hochhaus werden Wohnungen derselben Größenordnung von verschiedenen Eigentümern zu unterschiedlichen Preisen vermietet:
   - 1 Wohnung   zu   250,00 € Monatsmiete
   - 3 Wohnungen zu je 390,00 € Monatsmiete
   - 25 Wohnungen zu je 420,00 € Monatsmiete
   - 23 Wohnungen zu je 440,00 € Monatsmiete
   - 2 Wohnungen zu je 480,00 € Monatsmiete
   - 1 Wohnung   zu   510,00 € Monatsmiete

   Ermitteln Sie
   a) die einfache durchschnittliche Monatsmiete,
   b) die gewogene durchschnittliche Monatsmiete.

7. Der gewogene Durchschnittspreis einer Ware beträgt 442,00 €. Es wurden 200 Stück zu je 450,00 € sowie weitere 50 Stück zu einem Sonderpreis verkauft.
   Ermitteln Sie den Sonderpreis je Stück.

5 Das Währungsrechnen
5.1 Vorbemerkungen in Kurzform

Am 1. Januar 1999 startete die Europäische Wirtschafts- und Währungsunion **(EWWU)** mit elf Ländern. Seit 1. Januar 2009 gehören 16 Länder zum „Eurosystem".

Zur Vereinfachung bezeichnen wir im Folgenden die EWWU als **Euroland**, alle anderen Länder als **Devisenausland.**

5.2 Umtausch im Euroland[1]

Die Auszubildenden Volker Stumpf und Martin Stössel aus Stuttgart beabsichtigen ihren Winterurlaub gemeinsam in der Schweiz zu verbringen. Einen Tag vor dem Abflug tauscht jeder bei der Sparkasse in Stuttgart 500,00 EUR in Schweizer Franken (CHF)[2] um. Bei einem **Wechselkurs** von 1,60 erhält jeder 800,00 CHF.

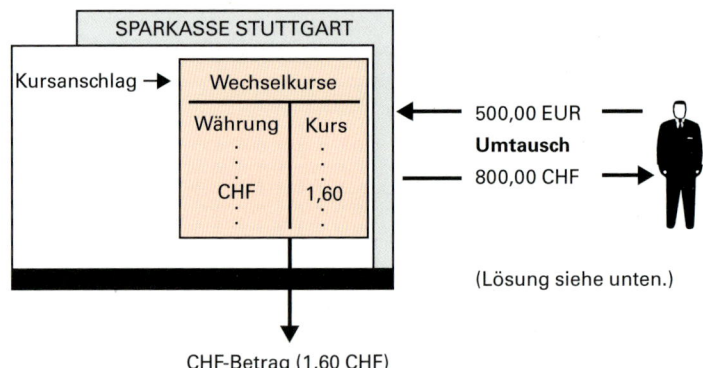

Merke	Der Wechselkurs wird in der jeweiligen Auslandswährung ausgedrückt.

Die obige Kursnotiz bedeutet im Euroland:

CHF 1,60

1,00 EUR ≙ 1,60 CHF

---

1 Die Unterscheidung zwischen Geld- und Briefkurs erfolgt erst in Kapitel 5.4.
2 Begrifflich werden ausländische Zahlungsmittel unterteilt in
  a) **Sorten** (= Banknoten und Münzen). Der Wechselkurs für Sorten wird daher als Sortenkurs bezeichnet.
  b) **Devisen** (= bargeldlose ausländische Zahlungsmittel wie Schecks, Wechsel oder Überweisungen). Der Wechselkurs für Devisen wird daher als Devisenkurs bezeichnet.

510728

Lösung mit Dreisatz	$1,00 \text{ EUR} = 1,60 \text{ CHF}$	
	$500,00 \text{ EUR} = \text{ x CHF}$	$x = \underline{800,00 \text{ CHF}}$

Merke Der Wechselkurs im Euroland bezeichnet die Menge ausländischer Geldeinheiten, die man für einen Euro erhält.

Fragestellung: Wie viel ausländische Währungseinheiten erhält man für einen Euro?

Alternativ formuliert: Der Wechselkurs ist der Preis für einen Euro – ausgedrückt in Auslandswährung.

Übersicht zu einigen ausgewählten, wichtigen Währungen:

Land	Währungseinheit	Internationale Abkürzung
USA	US-$	USD
Kanada	Kanadische $	CAD
Australien	Australische $	AUD
Japan	Yen	JPY
Großbritannien	GB-Pfund	GBP
Schweiz	Schweizer Franken	CHF

Somit bedeuten im Euroland:[1]

- Kurs für CHF 1,6113 : $1,00 \text{ EUR} = 1,6113 \text{ CHF}$
- Kurs für USD 1,2510 : $1,00 \text{ EUR} = 1,2510 \text{ USD}$
- Kurs für JPY 110,600 : $1,00 \text{ EUR} = 110,600 \text{ JPY}$
- Kurs für GBP 0,80 : $1,00 \text{ EUR} = 0,80 \text{ GBP}$

Aus den auf der vorhergehenden Seite stehenden Beispielen mit Lösungen lassen sich folgende Umrechnungsformeln ableiten:

1. Umrechnung von Euro in Auslandswährung:

$$\text{Auslandswährung} = \text{Euro-Betrag} \cdot \text{Kurs}$$

2. Umrechnung von Auslandswährung in Euro:

$$\text{Euro-Betrag} = \frac{\text{Auslandswährung}}{\text{Kurs}}$$

Beispiele mit Lösungen (Umtausch im Euroland)

Aufgaben	Lösungen
a) Wie viel CHF erhält man für 4.500,00 EUR? (Kurs CHF 1,61)	$1,00 \text{ EUR} = 1,61 \text{ CHF}$ $4.500,00 \text{ EUR} = \text{x CHF}$ $x = 1,61 \cdot 4.500,00 = \underline{\mathbf{7.245,00\ CHF}}$
b) Wie viel EUR erhält man für 5.470,00 CHF? (Kurs CHF 1,60)	$1,60 \text{ CHF} = 1,00 \text{ EUR}$ $5.470,00 \text{ CHF} = \text{x EUR}$ $x = \dfrac{5.470,00}{1,60} = \underline{\mathbf{3.418,75\ EUR}}$
c) Wie viel USD erhält man für 5.800,00 EUR? (Kurs USD 1,04)	$1,00 \text{ EUR} = 1,04 \text{ USD}$ $5.800,00 \text{ EUR} = \text{x USD}$ $x = 1,04 \cdot 5.800,00 = \underline{\mathbf{6.032,00\ USD}}$

1 Tagesaktuelle Kurse können bei Banken, im Videotext oder im Internet abgerufen werden.

| d) Wie viel GBP erhält man für 7.500,00 EUR? | 1,00 EUR = 0,60 GBP
7.500,00 EUR = x GBP |
| (Kurs GBP 0,60) | x = 0,60 · 7.500,00 = **4.500,00 GBP** |

| e) Wie viel Euro erhält man für 10.000,00 JPY? | 104,00 JPY = 1,00 EUR
10.000,00 JPY = x EUR |
| (Kurs JPY 104,0) | $x = \dfrac{10.000,00}{104,00}$ = **96,15 EUR** |

| f) Wie viel JPY erhält man für 2.000,00 EUR? | 1,00 EUR = 103,6 JPY
2.000,00 EUR = x JPY |
| (Kurs JPY 103,6) | x = 103,6 · 2.000,00 = **207.200 JPY** |

Übungen

1. Mehrere Revisoren eines Konzerns beabsichtigen Prüfungen von Auslandsfilialen. Der Prüfungsleiter kauft vorsorglich bei einer deutschen Bank die notwendigen Auslandswährungen:

Umtauschbetrag	gekaufte Auslandswährung	Kurs in der Bundesrepublik Deutschland
a) 2.000,00 EUR	CHF	1,58
b) 3.500,00 EUR	USD	1,08
c) 2.500,00 EUR	GBP	0,65
d) 1.200,00 EUR	JPY	104,5

Wie hoch sind die jeweils eingetauschten Auslandswährungen?

2. Für eine Geschäftsreise kauft ein Unternehmer bei seiner deutschen Bank Auslandswährungen. Wie viel Euro muss er aufwenden für

   a)   2.100,00 CHF bei einem Kurs von   1,64;
   b) 21.200,00 JPY „ „ „ „ 105,00
   c)   2.100,00 USD „ „ „ „   0,96

3. Wie viel Euro erhält man von einer deutschen Bank für folgende Beträge ausländischer Währungen?

   a) 4.650,00 USD, Kurs 1,06
   b) 2.930,00 JPY,   „   106,00
   c)   820,00 GBP,   „   0,68

4. a) Der Schweizer Urs Bärli will seinen Urlaub in der Bundesrepublik Deutschland verbringen.
     Wie viel CHF muss er bei einer deutschen Bank bezahlen, um 2.500,00 EUR zu erhalten (Kurs 1,60)?
   b) Wie hoch ist der Kurs, wenn man in der Bundesrepublik Deutschland für 984,00 CHF 600,00 EUR erhält?

510730

5.3   Umtausch im Devisenausland

Die Auszubildenden Volker Stumpf und Martin Stössel (vgl. Einführungsbeispiel) haben sich bezüglich der Höhe der Aufenthaltskosten in der Schweiz verschätzt. Bei der Bank in Zürich tauscht jeder erneut 500,00 EUR in CHF um. Bei einem Wechselkurs von 0,62 EUR erhält jeder 806,45 CHF:

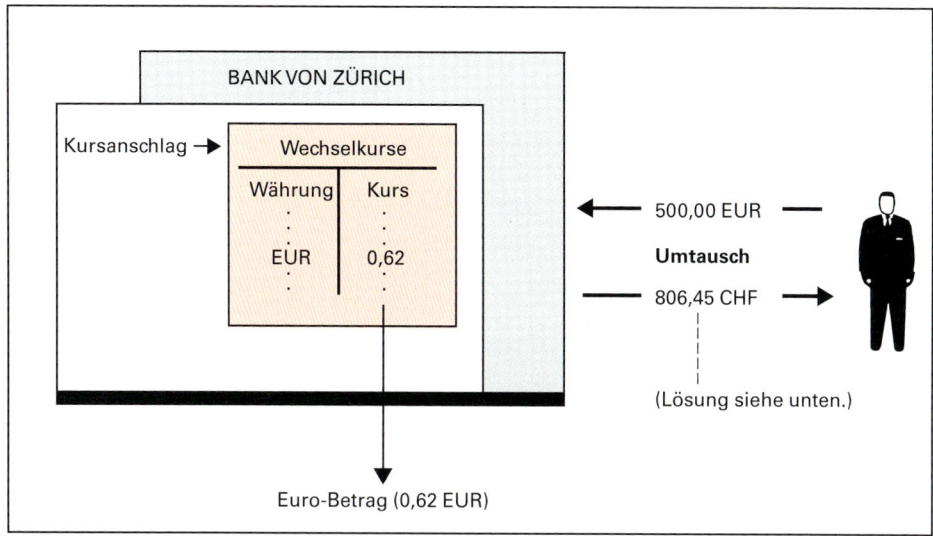

Die Kursnotiz   EUR   0,62

bedeutet in der Schweiz: **1,00** CHF ≙ 0,62 EUR

Lösung mit Dreisatz

$$
\begin{array}{ll}
0{,}62\ \text{EUR} & = \quad 1{,}00\ \text{CHF} \\
500{,}00\ \text{EUR} & = \qquad \text{x}\ \text{CHF}
\end{array}
\qquad
x = \dfrac{500{,}00}{0{,}62} \quad = \quad 806{,}45\ \text{CHF}
$$

Merke   **Für jedes Land gilt: Der Wechselkurs ist grundsätzlich der Preis für eine ausländische Währungseinheit. Fragestellung in der Schweiz: Wie viel Euro ist 1,00 CHF wert?**

Somit bedeuten z. B. in der Schweiz:

- Kurs für Euro 0,62 : 1,00 CHF = 0,62 EUR
- Kurs für USD 0,61 : 1,00 CHF = 0,61 USD

Beispiele mit Lösungen

Aufgabe

a) Wie viel Euro erhält man in der Schweiz für 6.500,00 CHF? (Kurs 0,66)

b) Wie viel CHF erhält man in der Schweiz für 1.600,00 EUR? (Kurs 0,58)

Lösung

a) $\quad$ 1,00 CHF $=$ 0,66 EUR
$\quad$ 6.500,00 CHF $=\quad$ x EUR
$\qquad$ x $=$ 0,66 $\cdot$ 6.500,00 $=$ 4.290,00 EUR

b) $\quad$ 0,58 EUR $=$ 1,00 CHF
$\quad$ 1.600,00 EUR $=\quad$ x CHF
$\qquad$ x $= \dfrac{1.600,00}{0,58} \quad =$ 2.758,62 CHF

Übungen

1. Ein Unternehmer tauscht während einer Reise durch Europa in den einzelnen Ländern verschiedene Euro-Beträge in Auslandswährungen um. Wie viel Euro sind jeweils aufzuwenden für

   a) 30.000,00 CHF (Kurs 0,63)

   b) 2.400,00 USD (Kurs 0,92)

2. Ein deutscher Unternehmer plant eine Geschäftsreise in die Schweiz. In der Wirtschaftszeitung liest er, dass der Kurs für CHF in Frankfurt 1,62 beträgt, während der Kurs für Euro in Zürich mit 0,62 notiert wird.

   a) Welcher Kurs ist für ihn günstiger?

   b) Wieviel CHF mehr erhält er beim Umtausch von 3.500,00 EUR am günstigeren Platz?

3. a) Der Deutsche Sepp Obermayr erwirbt in einem Schweizer Uhrengeschäft mehrere goldene Armbanduhren zum Gesamtpreis von 4.200,00 CHF. Weil er lediglich 4.000,00 CHF besitzt, bezahlt er zusätzlich mit zwei 500,00-Euro-Scheinen. Wie viel CHF gibt der Uhrenhändler zurück, wenn er mit dem geltenden Züricher Euro-Kurs von 0,68 rechnet?

   b) Sepp Obermayr reist anschließend in die USA und wechselt die vom Uhrenhändler erhaltenen CHF in USD um. Wie viel USD erhält er, wenn der CHF in New York mit 1,54 notiert?

   c) Vor seiner Rückreise in die Bundesrepublik Deutschland verfügt Sepp Obermayr noch über 200,00 USD. Er hat die Möglichkeit, diesen Betrag noch in New York zum Kurs von 0,96 oder erst in Stuttgart zum Kurs von 1,06 in Euro umzutauschen. Welche Entscheidung wird er treffen?

510732

5.4 Berücksichtigung von Geld- und Briefkurs

Für die wichtigsten Währungen wird täglich ein Sortenkurs, der so genannte Mittelkurs, festgestellt.

Beim Handel mit ausländischen Zahlungsmitteln erbringen die Banken eine Dienstleistung, die zu honorieren ist. Beim Kauf bzw. Verkauf von Euro gegen ausländische Zahlungsmittel (= Münzen und Banknoten) verändern die Banken den jeweiligen Mittelkurs derart, dass gleichzeitig die Spesen vergütet werden.

Im Einführungsbeispiel **kaufte** die Sparkasse Stuttgart von den Auszubildenden Euro zum Kaufkurs **(= Geldkurs)** von CHF 1,60. Für den Kauf von einem Euro zahlt die Bank somit 1,60 CHF. In diesem Kurs sind die Spesen bereits eingerechnet. Der Geldkurs ist also stets **niedriger** als der Mittelkurs (z. B. 1,61).

Verkauft die Bank Euro, so rechnet sie zu einem höheren Verkaufskurs **(= Briefkurs)** von z. B. 1,62, um ebenfalls die Spesen sofort vergütet zu bekommen. Für den Verkauf von einem Euro verlangt sie somit 1,62 CHF.

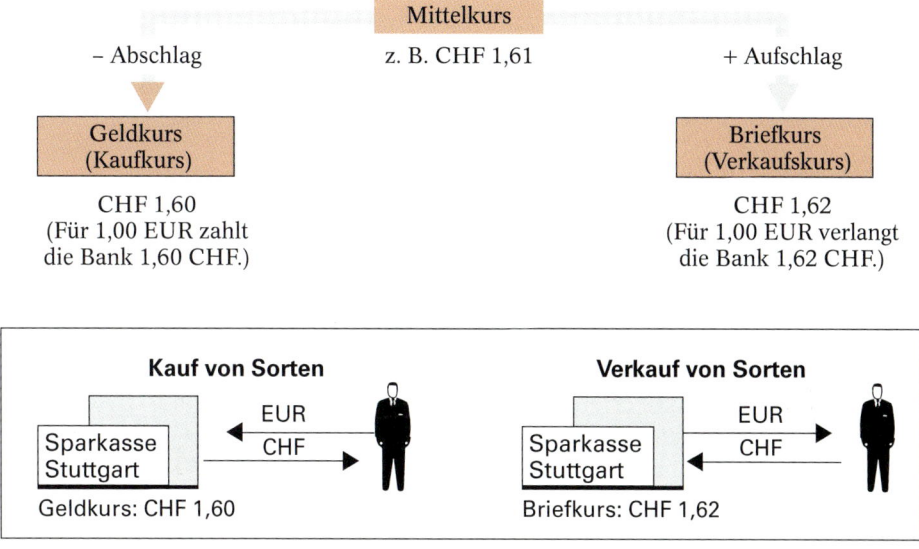

Kurstabelle (Sortenkurse)[1] vereinfacht und reduziert auf einige wenige Länder

Land	Währungseinheit	Internationale Abkürzung	Geldkurs (Ankauf) 1,00 EUR=	Briefkurs (Verkauf) 1,00 EUR=
USA	US-$	USD	1,2510	1,3210
Kanada	Kanadische $	CAD	1,5317	1,6817
Australien	Australische $	AUD	1,9231	2,1031
Japan	Yen	JPY	110,6000	119,6000
Großbritannien	GB-Pfund	GBP	0,8828	0,9278
Schweiz	Schweizer Franken	CHF	1,4576	1,5226

Die Höhe der Kurse ist abhängig von dem Angebot an und der Nachfrage nach ausländischen Zahlungsmitteln. Angebot und Nachfrage wiederum hängen u. a. von der wirtschaftspolitischen Situation der jeweiligen Länder ab. Verändert sich die Angebots- und Nachfragesituation, führt dies zu einer Auf- bzw. Abwertung der betreffenden Währungen.

Beispiel einer Abwertung des Euro:

USD-Kurs vor der Abwertung: 1,30 USD
USD-Kurs nach der Abwertung: 1,20 USD

Das heißt: Der Erwerb von USD ist teurer geworden. Die Abwertung des Euro entspricht einer Aufwertung des USD.

Beispiel einer Aufwertung des Euro:

USD-Kurs vor der Aufwertung: 1,20 USD
USD-Kurs nach der Aufwertung: 1,30 USD

Das heißt: Der Erwerb von USD ist billiger geworden. Die Aufwertung des Euro entspricht einer Abwertung des USD.

Übungen

1. In der Bundesrepublik Deutschland werden folgende Beträge zu den Kursen laut Kurstabelle umgetauscht:

   a) 4.250,00 EUR in CHF   c) 580,00 EUR in USD
   b) 3.120,00 CHF in EUR   d) 1.000,00 GBP in EUR

   Welche Beträge werden den Bankkunden ausgezahlt?

2. Wie viel CHF muss ein Schweizer in der Bundesrepublik Deutschland umtauschen, damit er seine Hotelrechnung über 1.400,00 EUR bezahlen kann? (vgl. S. 30)

---

1 Die Wechselkurse für den Kauf und Verkauf fremder Währungen unterliegen ständigen Schwankungen, oft in erheblichem Ausmaß. Entnehmen Sie aktuelle Wechselkurse bitte den Kurstabellen der Geldinstitute, der Tagespresse oder des Internets.

510734

6 Der Kettensatz

Die Anwendung des Kettensatzes ist sinnvoll, wenn mehrere Dreisätze mit geradem Verhältnis miteinander verknüpft sind. Kaufmännische Anwendungsgebiete:

a) Rechnen mit ausländischen Maßen und Gewichten
b) Währungsrechnen.

Beispiel mit Lösung

Aufgabe

Bei einem 500-Meilen-Oldtimer-Straßenrennen in den USA verbraucht der Wagen eines deutschen Teilnehmers 55 Gallonen Benzin. Wie viel Liter beträgt der durchschnittliche Benzinverbrauch über 100 km? (1 Meile = 1,699 km; 1 Gallone = 3,784 Liter)

Lösung

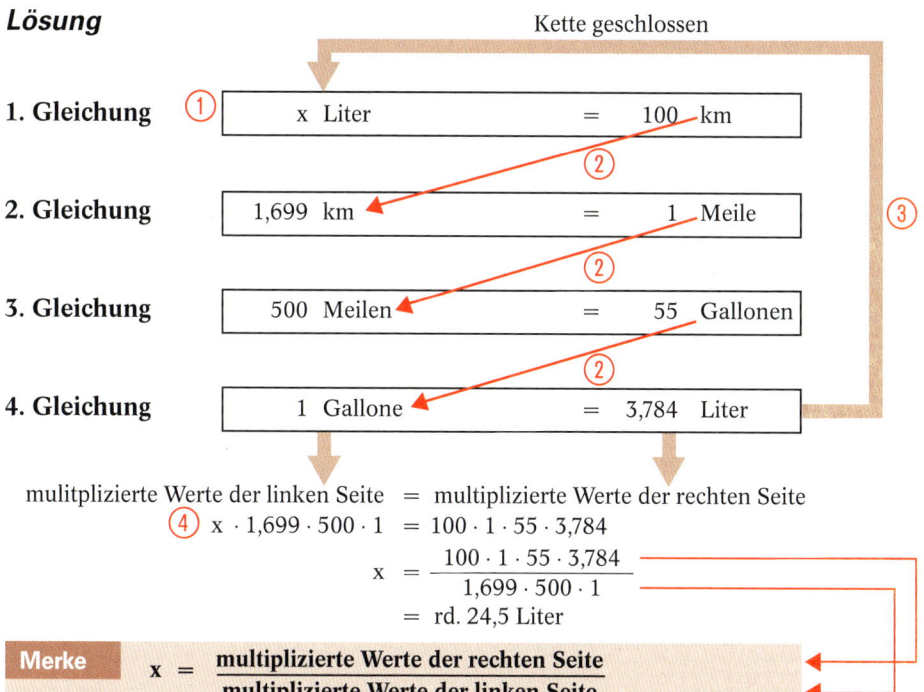

Kette geschlossen

1. Gleichung ①   x Liter = 100 km

2. Gleichung   1,699 km = 1 Meile ③

3. Gleichung   500 Meilen = 55 Gallonen

4. Gleichung   1 Gallone = 3,784 Liter

mulitplizierte Werte der linken Seite = multiplizierte Werte der rechten Seite

④ $x \cdot 1,699 \cdot 500 \cdot 1 = 100 \cdot 1 \cdot 55 \cdot 3,784$

$$x = \frac{100 \cdot 1 \cdot 55 \cdot 3,784}{1,699 \cdot 500 \cdot 1}$$

$$= \text{rd. } 24,5 \text{ Liter}$$

Merke $x = \dfrac{\text{multiplizierte Werte der rechten Seite}}{\text{multiplizierte Werte der linken Seite}}$

Lösungsweg

1. Die Kette beginnt mit der gesuchten Größe (hier x Liter).
2. Jede neue Gleichung beginnt mit der Größe, die bei der vorstehenden Gleichung auf der rechten Seite steht.
3. Die Kette ist geschlossen, wenn am Ende der Kette die gleiche Bezeichnung wie zu Beginn der Kette steht (hier Liter) und alle in der Aufgabe genannten Größen berücksichtigt wurden.
4. Die multiplizierten Werte der rechten Seite der Kette kommen in den Zähler, die multiplizierten Werte der linken Seite in den Nenner des sich ergebenden Bruches (die Kette wird nach links „gekippt").

Übungen

1. Zwei deutsche Freunde reisen 6 Wochen mit einem amerikanischen Leihwagen durch die USA. Zu Beginn der Reise stand der Meilenzähler auf 74 522 Meilen, am Ende der Reise auf 81 416 Meilen. Welchen durchschnittlichen Benzinverbrauch in Litern über 100 km ermittelten die Freunde, wenn sie insgesamt 385 Gallonen Benzin tankten? (1 Meile = 1,699 km; 1 Gallone = 3,784 Liter)

2. Ermitteln Sie den Euro-Preis für 1 m Stoffe, wenn 450 yds 638,00 GBP kosten. (11 m = 12 yds; 1,00 EUR = 0,60 GBP)

3. Ein englischer Hersteller bietet einem deutschen Importeur 65 englische Gallonen Whisky zum Preis von 285,00 GBP an. Welchen Literpreis in Euro ermittelt der Importeur? (1,00 EUR = 0,61 GBP; 1 englische Gallone = 4,544 Liter)

510736

7 Die Prozent- und Promillerechnung

7.1 Einführung

Dem Personalleiter einer Unternehmung liegt eine Statistik für letztes Jahr über den Arbeitsplatzwechsel von Arbeitnehmern (= Fluktuation) in den Filialen Stuttgart und Hannover vor:

	Stuttgart	Hannover
Beschäftigtenzahl	3 150 Arbeitnehmer	1 400 Arbeitnehmer
Kündigungen	126 Arbeitnehmer	112 Arbeitnehmer

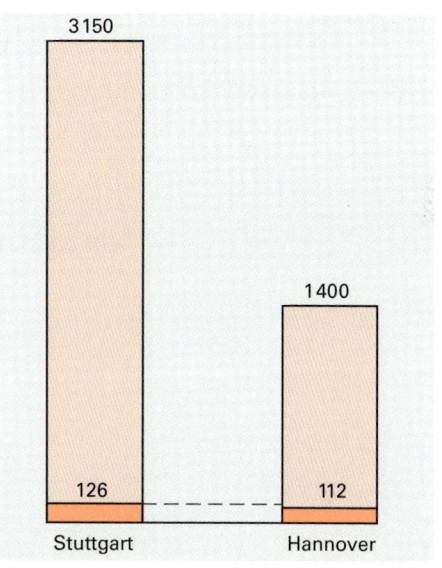

Die Fluktuation sollte in jeder Unternehmung so gering wie möglich gehalten werden. Schneidet also Hannover mit lediglich 112 Kündigungen besser ab?

Problem: Beide Betriebe wären auf Anhieb nur vergleichbar, wenn gleiche Beschäftigtenzahlen vorliegen würden. Ist dies – wie hier – nicht der Fall, muss die Vergleichbarkeit erst geschaffen werden.

Die Prozentrechnung wählt als **Vergleichszahl** (Bezugsgröße) die Zahl **100** (lat. pro centum = für Hundert).

Problemlösung: Beide Betriebe werden auf eine Zahl von 100 Arbeitnehmern bezogen. Fragestellung also: Wie viel Kündigungen entfallen auf 100 Arbeitnehmer?

Stuttgart

3 150 Arbeitnehmer = 126 Kündigungen
100 Arbeitnehmer = x Kündigungen

$$x = \frac{126 \cdot 100}{3\,150}$$

$$= \underline{\underline{4}}$$

Erg.: Von 100 Arbeitnehmern kündigten 4 Arbeitnehmer.

Anders ausgedrückt:

4 v. H. („vom Hundert")
bzw. 4 % (4 Prozent)
bzw. – als Verhältnis ausgedrückt – $^{4}/_{100}$

Hannover

1 400 Arbeitnehmer = 112 Kündigungen
100 Arbeitnehmer = x Kündigungen

$$x = \frac{112 \cdot 100}{1\,400}$$

$$= \underline{\underline{8}}$$

Erg.: Von 100 Arbeitnehmern kündigten 8 Arbeitnehmer.

Anders ausgedrückt:

8 v. H. („vom Hundert")
bzw. 8 % (8 Prozent)
bzw. – als Verhältnis ausgedrückt – $^{8}/_{100}$

Der Betrieb in Hannover schneidet also wegen seiner **vergleichsweise** (relativ) höheren Kündigungszahlen schlechter ab.

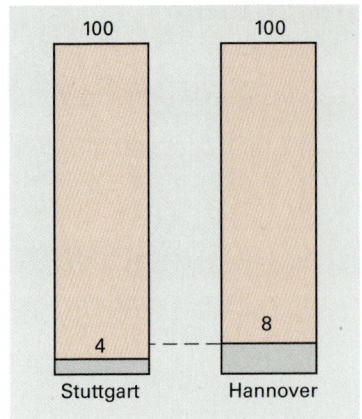

In der **Prozentrechnung** sind drei Größen zu unterscheiden:

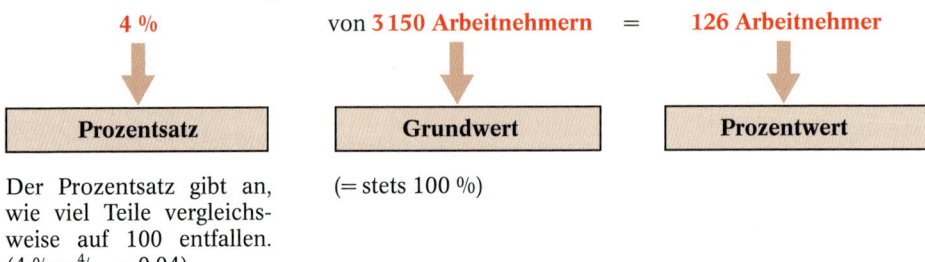

4 %   von 3 150 Arbeitnehmern = 126 Arbeitnehmer

| Prozentsatz | Grundwert | Prozentwert |

Der Prozentsatz gibt an, wie viel Teile vergleichsweise auf 100 entfallen. ($4\% = {}^{4}/_{100} = 0{,}04$)

(= stets 100 %)

Analog werden in der **Promillerechnung** folgende Bezeichnungen verwendet:

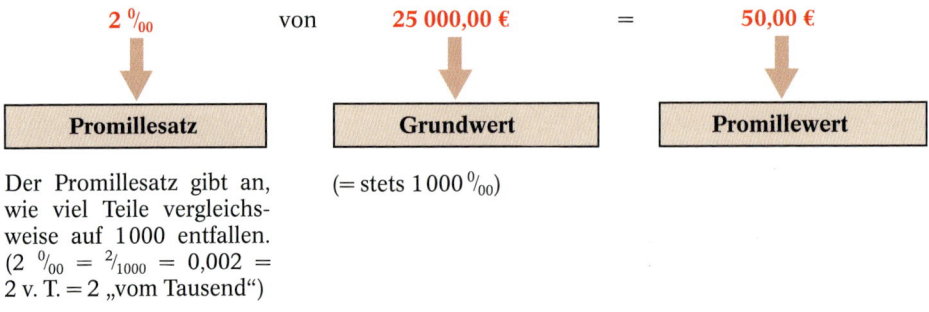

2 ‰   von   25 000,00 € = 50,00 €

| Promillesatz | Grundwert | Promillewert |

Der Promillesatz gibt an, wie viel Teile vergleichsweise auf 1 000 entfallen. ($2\ ‰ = {}^{2}/_{1000} = 0{,}002 = 2$ v. T. = 2 „vom Tausend")

(= stets 1 000 ‰)

Somit haben folgende Aussagen folgende Bedeutung:

Aussage	Bedeutung
Bei der Abschlussprüfung sind 6 % durchgefallen.	Von 100 Schülern haben 6 Schüler die Prüfung nicht bestanden.

510738

Aussage	Bedeutung
In unserer Stadt sind 75 % katholisch.	Von 100 Bewohnern sind 75 katholisch.
Die CDU erreichte 44 % der Stimmen.	Von 100 abgegebenen Stimmen entfielen 44 Stimmen auf die CDU.
Die Maklergebühr beträgt 0,4 ‰ vom Kurswert.	Auf 1.000,00 € Kurswert sind 0,40 € Maklergebühr zu entrichten.
Die Transportversicherung beträgt 3 ‰ des Einkaufspreises.	Auf 1.000,00 € Einkaufspreis ist ein Versicherungsbeitrag von 3,00 € zu entrichten.

Bei den folgenden Ausführungen ist der Zusammenhang zwischen dem Prozentsatz (4 %) und der Größe p (4) zu beachten:

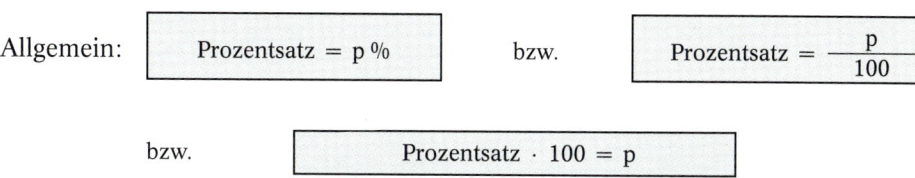

Allgemein: $\boxed{\text{Prozentsatz} = \text{p} \%}$ bzw. $\boxed{\text{Prozentsatz} = \dfrac{\text{p}}{100}}$

bzw. $\boxed{\text{Prozentsatz} \cdot 100 = \text{p}}$

Analog gilt für die **Promillerechnung:**

$\boxed{\text{Promillesatz} = \text{p} \%_0}$ bzw. $\boxed{\text{Promillesatz} = \dfrac{\text{p}}{1\,000}}$

bzw. $\boxed{\text{Promillesatz} \cdot 1\,000 = \text{p}}$

Von den Größen Prozentsatz, Grundwert und Prozentwert (bzw. Promillesatz, Grundwert und Promillewert) müssen jeweils zwei gegeben sein, um die dritte Größe berechnen zu können.

7.2 Die Berechnung des Prozent- und Promillewertes

Beispiel mit Lösung (Prozentrechnung)

Aufgabe

Wir vereinbaren mit unserem Lieferer 12 % Rabatt aus einem Rechnungsbetrag von 12.300,00 €. Wie viel Euro beträgt der Rabatt?

Lösung

$$100\,\% \;=\; 12.300,00\,€$$
$$12\,\% \;=\; \text{x} \;\;€$$

$$\text{x} \;=\; \frac{12.300,00 \cdot 12}{100} \;=\; 1.476,00\,€$$

Nach Kürzung des Bruches mit 100:

$$123 \cdot 12 \;=\; 1.476,00\,€$$

$$\boxed{\;\textbf{Prozentwert} \;=\; \frac{\textbf{Grundwert} \cdot \textbf{p}}{\textbf{100}}\;}$$

Beim Kopfrechnen bzw. Überschlagen wird demnach lediglich der Grundwert (12.300,00 €) um 2 Stellen gekürzt (123) und mit p (12) multipliziert.

Die Ermittlung des Prozentwertes kann durch die Berücksichtigung von **bequemen Prozentsätzen** vereinfacht werden. Ein Prozentsatz ist „bequem", wenn p in 100 ganzzahlig enthalten ist:

Beispiele: 1. $20\,\% = {}^{20}/_{100} = \underline{\underline{{}^1/_5}}$ $20\,\%$ von $480,00\,€ = {}^1/_5 \cdot 480,00 = \dfrac{480,00}{5}$

$$= \underline{\underline{96,00\,€}}$$

2. $16\tfrac{2}{3}\,\% = {}^{50}/_3\,\% = \dfrac{{}^{50}/_3}{100} = {}^{50}/_3 \cdot {}^1/_{100} = {}^{50}/_{300} = \underline{\underline{{}^1/_6}}$

$16\tfrac{2}{3}\,\%$ von $720,00\,€ = {}^{720}/_6 = \underline{\underline{120,00\,€}}$

Tabelle bequemer Prozentsätze

$1\ \% = {}^1/_{100}$	$3\tfrac{1}{3}\,\% = {}^1/_{30}$	$8\tfrac{1}{3}\,\% = {}^1/_{12}$	$25\ \% = {}^1/_4$
$1\tfrac{1}{3}\,\% = {}^1/_{75}$	$4\ \% = {}^1/_{25}$	$10\ \% = {}^1/_{10}$	$33\tfrac{1}{3}\,\% = {}^1/_3$
$1\tfrac{1}{4}\,\% = {}^1/_{80}$	$4\tfrac{1}{6}\,\% = {}^1/_{24}$	$11\tfrac{1}{9}\,\% = {}^1/_9$	$50\ \% = {}^1/_2$
$1\tfrac{2}{3}\,\% = {}^1/_{60}$	$5\ \% = {}^1/_{20}$	$12\tfrac{1}{2}\,\% = {}^1/_8$	$66\tfrac{2}{3}\,\% = {}^2/_3$
$2\ \% = {}^1/_{50}$	$6\tfrac{1}{4}\,\% = {}^1/_{16}$	$16\tfrac{2}{3}\,\% = {}^1/_6$	$75\ \% = {}^3/_4$
$2\tfrac{1}{2}\,\% = {}^1/_{40}$	$6\tfrac{2}{3}\,\% = {}^1/_{15}$	$20\ \% = {}^1/_5$	$87\tfrac{1}{2}\,\% = {}^7/_8$
			$100\ \% = 1$

Beispiel mit Lösung (Promillerechnung)

Aufgabe

Auf Waren zum Einkaufspreis von 33.000,00 € (= Versicherungssumme) sind 2 ‰ Transportversicherung zu bezahlen.
Wie viel Euro beträgt die Versicherungsprämie?

510740

Lösung

$$1\,000\,\%_{00} = 33.000,00 \text{ €} \qquad x = \frac{33.000,00 \cdot 2}{1\,000} = \underline{\underline{66,00 \text{ €}}}$$
$$2\,\%_{00} = \quad x \text{ €}$$

$$\textbf{Promillewert} = \frac{\textbf{Grundwert} \cdot \textbf{p}}{\textbf{1\,000}}$$

Beim Kopfrechnen bzw. Überschlagen kürzt man den Grundwert (33.000,00) um 3 Stellen (33,0) und multipliziert mit p (2):

$$33 \cdot 2 = \underline{\underline{66,00 \text{ €}}}.$$

Übungen

1. Von 200 Arbeitnehmern eines Unternehmens sind 14 % ledig. Wie viel Verheiratete beschäftigt der Betrieb?

   Rechnen Sie die Aufgaben 2 bis 5 im Kopf.

2. 5 % von a) 12,00   b) 34,00   c) 120,00   d) 47,00

3. 3 % von a) 16,00   b) 19,00   c) 480,00   d) 1.200,00

4. 8 % von a) 60 kg   b) 80 kg   c) 120 kg   d) 2200 kg

5. Berechnen Sie von 500,00 € und von 700 Arbeitnehmern jeweils

   a) 1 %   d) 12 %   g) 32 %   k) 150 %   n) 500 %

   b) 3 %   e) 80 %   h) 25 %   l) 2 %   o) 24 %

   c) 7 %   f) 120 %   i) 90 %   m) 200 %   p) 0,5 %

6. Berechnen Sie von 1 100 kg und 400,00 € jeweils

   a) $4\frac{1}{2}$ %   d) $2\frac{1}{2}$ %   g) 42 %   k) $20\frac{1}{2}$ %   n) $6\frac{1}{4}$ %

   b) $12\frac{1}{2}$ %   e) $7\frac{1}{2}$ %   h) $8\frac{1}{3}$ %   l) 67 %   o) $10\frac{1}{2}$ %

   c) 45 %   f) $16\frac{2}{3}$ %   i) $6\frac{2}{3}$ %   m) $33\frac{1}{3}$ %   p) 16,8 %

7. a) 17,25 % von 1.713,00 €   e) 194 % von 674,00 €

   b) $8\frac{4}{5}$ % von 12.605,00 €   f) 862 % von 2,50 €

   c) 0,32 % von 10.200,00 €   g) 0,04 % von 21.000,00 €

   d) $13\frac{1}{3}$ % von 824,70 €   h) $1\frac{7}{8}$ % von 150,00 €

8. Ein Lieferant gewährt 17 % Rabatt auf einen Rechnungspreis von 1.580,00 €.

   a) Wie viel Euro beträgt der Rabatt?

   b) Wie viel Euro beträgt der neue Preis?

9. Wir ziehen vom Rechnungsbetrag von 3.750,00 €

   a) 2 % Skonto,

   b) 3 % Skonto ab.

   Wie viel Euro betragen jeweils der Skontoabzug und unsere Zahlung?

10. Ermitteln Sie jeweils den Bruttoverkaufspreis einer Ware (= Preis einschließlich Umsatzsteuer) bei einem Umsatzsteuersatz von 19 % und folgenden Nettoverkaufspreisen (= Preise ohne USt):

    a)   470,00   c)   70,50   e)   16,50
    b) 1.820,00   d) 25.750,00   f) 145.000,00

11. Die Angestellten Glückert (bisheriges Gehalt: 3.900,00 €) und Pechl (bisheriges Gehalt: 1.900,00 €) erhalten eine Gehaltsaufbesserung um 6 %. Ermitteln Sie

    a) die Gehaltsaufbesserungen in Euro und
    b) die neuen Gehälter.

12. Das Gehalt des Angestellten Seefeld beträgt 4.300,00 €. Es wird zuerst um 6 %, einige Monate später erneut wegen einer Beförderung um 9 % erhöht.

Wie viel Euro beträgt das Gehalt des Herrn Seefeld nach den Gehaltserhöhungen?

13. Eine Spielwarengroßhandlung erhält zwei Angebote über Spielzeugautos derselben Marke:

    Angebot der Spiele GmbH:
    Preis: 140,00 € abzüglich 25 % Rabatt.
    Bei Zahlung innerhalb 14 Tagen 3 % Skonto.

    Angebot der Kind & Kegel GmbH:
    Preis: 120,00 € abzüglich 3 % Rabatt.
    Bei Zahlung innerhalb 14 Tagen 2 % Skonto.

Welches Angebot nimmt die Großhandlung unter sonst gleichen Bedingungen an?

14. Eine Maschine im Anschaffungswert von 40.000,00 € wird mit jährlich 18 % jeweils vom Restwert (= degressive Abschreibung) abgeschrieben. Wie hoch ist der Buchwert nach drei Jahren?

15. Von folgenden Einkaufspreisen sind jeweils die Transportversicherungsbeiträge zu ermitteln:

    a) 1 $^0/_{00}$ von 15.270,00 €   d) 4,5 $^0/_{00}$ von 31.700,00 €
    b) 1,5 $^0/_{00}$ von 7.130,00 €   e) 1 $^0/_{00}$ von 23.678,00 €
    c) 7 $^0/_{00}$ von 24.680,00 €   f) 8,5 $^0/_{00}$ von 3.680,00 €

16. Die Maklergebühr wird vom Kurswert berechnet. Der Satz beträgt bei bestimmten Wertpapieren 0,75 $^0/_{00}$. Wie viel Euro Maklergebühr sind bei folgenden Kurswerten zu entrichten?

    a) 17.000,00 €   c)   5.290,00 €
    b) 1.260,00 €   d) 112.750,00 €

17. a) 4 $^0/_{00}$ von 21.620,00 €   c) 0,5 $^0/_{00}$ von 63.790,00 €
    b) 2,75 $^0/_{00}$ von 8.470,00 €   d) 0,83 $^0/_{00}$ von 139.650,00 €

510742

7.3 Die Berechnung des Prozent- und Promillesatzes

Aufgabe

Herr Pechl verdient bisher 2.500,00 € monatlich. Wie viel Prozent ergibt eine monatliche Gehaltserhöhung von 300,00 €?

Lösung

$$2.500,00 \text{ €} = 100\,\% \atop 300,00 \text{ €} = \quad x\,\%$$

$$x = \frac{100\,\% \cdot 300,00}{2.500,00} = \frac{300,00}{2.500,00} = 0,12 = \underline{\underline{12\,\%}}$$

$$p = \text{Prozentsatz} \cdot 100$$

$$\text{Prozentsatz} = \frac{\text{Prozentwert}}{\text{Grundwert}}$$

bzw.

$$p = \frac{\text{Prozentwert} \cdot 100}{\text{Grundwert}}$$

Beispiel mit Lösung (Promillerechnung)

Aufgabe

Für Waren im Wert von 133.600,00 € (Versicherungssumme) werden 467,60 € Versicherungsprämie entrichtet. Wie viel Promille beträgt der Beitragssatz?

Lösung

$$133.600,00 \text{ €} = 1\,000\,{}^0\!/\!{}_{00} \atop 467,60 \text{ €} = \quad x\,{}^0\!/\!{}_{00}$$

$$x = \frac{1\,000\,{}^0\!/\!{}_{00} \cdot 467,60}{133.600,00}$$

$$= \frac{467,30}{133.600,00} = 0,0035 = \underline{\underline{3,5\,{}^0\!/\!{}_{00}}}$$

$$p = \text{Promillesatz} \cdot 1\,000$$

$$\text{Promillesatz} = \frac{\text{Promillewert}}{\text{Grundwert}}$$

bzw.

$$p = \frac{\text{Promillewert} \cdot 1\,000}{\text{Grundwert}}$$

Übungen

1. Von 150 Schülern mehrerer Abschlussklassen erhielten 18 Schüler einen Preis. Wie hoch ist der in der Zeitung veröffentlichte Prozentsatz der Spitzenschüler?

2. Anlässlich einer Sportshow erhalten 4 berühmte Sportler für ihre Teilnahme insgesamt 15.000,00 € ausbezahlt. Der Fußballspieler erhält hiervon 4.500,00 €, die Eiskunstläuferin 4.000,00 €, der Zehnkämpfer 3.400,00 € und die Turnerin den Rest.
   Wie viel Prozent der Gesamtsumme erhält jeder Teilnehmer?

3. 4 Familien teilen sich den Kaufpreis eines Wohnmobils. Familie Strodel zahlt 22.000,00 €, Familie Gellner 14.000,00 €, Familie Schmidt 9.000,00 € und Familie Säusel 6.000,00 €.
   Mit wie viel Prozent des Gesamtpreises beteiligt sich jede Familie?

4. Der 102-jährige Gregorius Hämmerle verteilt in seinem Testament sein Bankvermögen auf seine Erben. Sohn Anton erhält 35.000,00 €, Tochter Berta 30.000,00 €, Enkel Dieter 11.000,00 € und Urenkel Erwin 5.000,00 €.
   Wie viel Prozent des Bankvermögens erhält jeder Erbe?

5. Ermitteln Sie die Gehaltserhöhungen in Prozent des alten Gehaltes. (Kopfrechnen)

	Altes Gehalt	Gehaltserhöhung		Altes Gehalt	Gehaltserhöhung
a)	850,00 €	85,00 €	d)	4.000,00 €	320,00 €
b)	1.800,00 €	360,00 €	e)	5.000,00 €	550,00 €
c)	3.600,00 €	180,00 €	f)	2.500,00 €	175,00 €

6. Wie viel Prozent der Arbeitnehmer sind Ausländer? (Kopfrechnen)

Betriebe	Arbeitnehmer	Ausländer	Betriebe	Arbeitnehmer	Ausländer
A	10 000	2 000	D	250	20
B	5 000	250	E	80	20
C	7 500	1 500	F	1 200	96

7. Wie viel Prozent beträgt die Preiserhöhung bzw. Preissenkung?

	Alter Preis	neuer Preis		Alter Preis	neuer Preis
a)	420,00 €	441,00 €	e)	8,70 €	7,60 €
b)	812,00 €	872,90 €	f)	107,00 €	100,00 €
c)	714,00 €	742,56 €	g)	900,00 €	985,00 €
d)	15,00 €	19,00 €	h)	650,00 €	720,00 €

8. Wie viel Prozent beträgt die Erhöhung eines Prozentsatzes von 13 % auf 14 %?

9. Eine Großhandlung erzielt mit einem eingesetzten Eigenkapital von 450.000,00 €

   a) 75.400,00 € Gewinn, b) 34.600,00 € Gewinn.

   Wie viel Prozent Gewinn – bezogen auf das Eigenkapital – wird jeweils erzielt?

510744

10. Eine Großhandlung erstellte folgende zusammengefasste Bilanz:

Aktiva	Bilanz		Passiva
Anlagevermögen..... 200.000,00 €	Eigenkapital......... 320.000,00 €
Umlaufvermögen .... 290.000,00 €	Fremdkapital .... 170.000,00 €
490.000,00 €	490.000,00 €

a) Wie viel Prozent der Bilanzsumme betragen die einzelnen Positionen der Bilanz?

b) Wie viel Prozent des Anlagevermögens beträgt das Eigenkapital?

11. Der Vertreter Kramer erhält für seine Verkaufsabschlüsse in Höhe von 34.200,00 € eine Provision in Höhe von 1.539,00 €. Seinem Kollegen Mundinger wurden für einen Umsatz von 57.800,00 € 3.179,00 € Provision ausbezahlt. Wie viel Prozent Provision erhält jeder?

12. In einer Kleinstadt wohnen 18 400 erwerbsfähige Personen. Hiervon sind 720 Personen arbeitslos.

a) Wie viel Prozent beträgt die Arbeitslosigkeit in der Kleinstadt?

b) Wie viel Prozent beträgt die Arbeitslosigkeit, nachdem durch die Insolvenz eines Unternehmens zusätzlich 1 200 Arbeitskräfte arbeitslos wurden?

c) Um wieviel Prozent ist die Arbeitslosigkeit durch die Insolvenz gestiegen?

13. Wie viel Promille beträgt jeweils der Prämiensatz?

	Versicherungssumme	Versicherungsbeitrag
a)	9.350,00 €	18,70 €
b)	27.160,00 €	190,12 €
c)	13.600,00 €	20,40 €
d)	143.600,00 €	107,70 €

14. Ermitteln Sie die Maklergebühr in Promille.

	Kurswert	Maklergebühr		Kurswert	Maklergebühr
a)	10.700,00	6,42	c)	2.880,00	2,30
b)	74.830,00	56,12	d)	93.400,00	74,72

7.4 Die Berechnung des Grundwertes

Beispiel mit Lösung (Prozentrechnung)

Aufgabe

Ein kaufmännischer Angestellter erhält eine Gehaltserhöhung von 4 % = 88,00 €. Wie viel Euro beträgt sein altes Gehalt?

Lösung

$$4\% = 88,00 \text{ €}$$
$$100\% = x \quad \text{€}$$

$$x = \frac{88,00 \cdot 100}{4} = 2.200,00 \text{ €}$$

Vereinfachung der Rechnung, wenn p Teiler von 100 ist **(bequemer Prozentsatz):**

$$\text{Grundwert} = \frac{\text{Prozentwert} \cdot 100}{p}$$

$$\frac{100}{p} = \frac{100}{4} = 25 \rightarrow 88,00 \cdot 25 = \underline{\underline{2.200,00 \text{ €}}}$$

Beispiel mit Lösung (Promillerechnung)

Aufgabe

Für eine Warenlieferung wurden 2 ‰ Versicherungsprämie = 55,00 € bezahlt. Wie viel Euro beträgt der Einkaufspreis (= Versicherungssumme)?

Lösung

$$2\text{‰} = 55,00 \text{ €}$$
$$1\,000\text{‰} = x \quad \text{€}$$

$$x = \frac{55,00 \cdot 1\,000}{2} = \underline{\underline{27.500,00 \text{ €}}}$$

$$\text{Grundwert} = \frac{\text{Promillewert} \cdot 1\,000}{p}$$

Übungen

1. Eine 4-köpfige Rockband nimmt an einem Openairfestival teil. Wie viel Euro beträgt die Gesamtgage der Band, wenn dem Sänger 5.600,00 € = 35 % der Gesamtgage ausbezahlt werden?

2. In einer Berufsschule bestanden 8 % = 12 Schüler die Abschlussprüfung nicht. Wie viel Schüler nahmen an der Prüfung teil?

3. Ermitteln Sie das ursprüngliche Gehalt bei folgenden Gehaltserhöhungen (Kopfrechnen):

   a) 10 % = 112,00   c) 5 % = 150,00   e) 15 % = 615,00
   b) 2 % = 80,00   d) 3 % = 180,00   f) 25 % = 175,00

510746

4. Wie viel Euro beträgt der Einkaufspreis vor Abzug des Rabattes? (Kopfrechnen)

a) $8\frac{1}{3}$ % Rabatt = 500,00 €   d) $12\frac{1}{2}$ % Rabatt = 124,00 €
b) 20 % Rabatt = 800,00 €   e) $3\frac{1}{3}$ % Rabatt = 12,50 €
c) $16\frac{2}{3}$ % Rabatt = 450,00 €   f) 4 % Rabatt = 290,00 €

5. Wie viel Euro beträgt der Rechnungsbetrag, wenn folgende Skontoabzüge gewährt werden?

a) 1 % Skonto = 36,40 €   d) 2 % Skonto = 1,31 €
b) 1,5 % Skonto = 68,70 €   e) 2,5 % Skonto = 9,90 €
c) 3 % Skonto = 42,75 €   f) $2\frac{3}{4}$ % Skonto = 123,75 €

6. Der Gewinn eines Großhändlers war im letzten Jahr um 13,7 % = 11.836,80 € geringer als vor zwei Jahren. Wie hoch waren die Gewinne in den beiden Jahren?

7. Wie hoch ist jeweils der Nettopreis (= Preis ohne Umsatzsteuer), wenn die 19 %ige Umsatzsteuer

a) 855,00 €   c) 168,91 €   e) 8.838,80 €
b) 12,35 €   d) 1.502,90 €   f) 1,24 € beträgt?

8. Für eine Warenlieferung wurden 6 $^0\!/_{00}$ = 571,20 € Versicherungsprämie bezahlt. Wie viel Euro beträgt die Versicherungssumme?

9. Ermitteln Sie die Versicherungssummen.

	Prämiensatz	Versicherungsprämie
a)	8,5 $^0\!/_{00}$	685,10 €
b)	3 $^0\!/_{00}$	38,70 €
c)	6 $^0\!/_{00}$	874,80 €

10. Wie viel Euro betragen die Kurswerte?

	Maklergebühr	Spesensatz
a)	5,88 €	0,6 $^0\!/_{00}$
b)	18,00 €	0,6 $^0\!/_{00}$
c)	3,75 €	0,75 $^0\!/_{00}$
d)	22,50 €	0,75 $^0\!/_{00}$

7.5 Die Prozentrechnung auf und im Hundert
(vom vermehrten und verminderten Grundwert)

7.5.1 Die Prozentrechnung auf Hundert
(vom vermehrten Grundwert)

Beispiel mit Lösung

Aufgabe

Ein berühmter Fußballspieler beendet seine Karriere. Nach einem halben Jahr ärgert er sich, dass er aufgrund des fehlenden Trainings plötzlich 79,5 kg wiegt. Seine Gewichtszunahme beträgt 6 %. Wie viel Kilogramm wog er als Aktiver und wie viel Kilogramm hat er zugenommen?

Lösung

Die Gewichtszunahme (6 %) wurde vom alten Gewicht berechnet. Das alte Gewicht entspricht somit 100 %, das neue Gewicht 100 % + 6 % = 106 %.

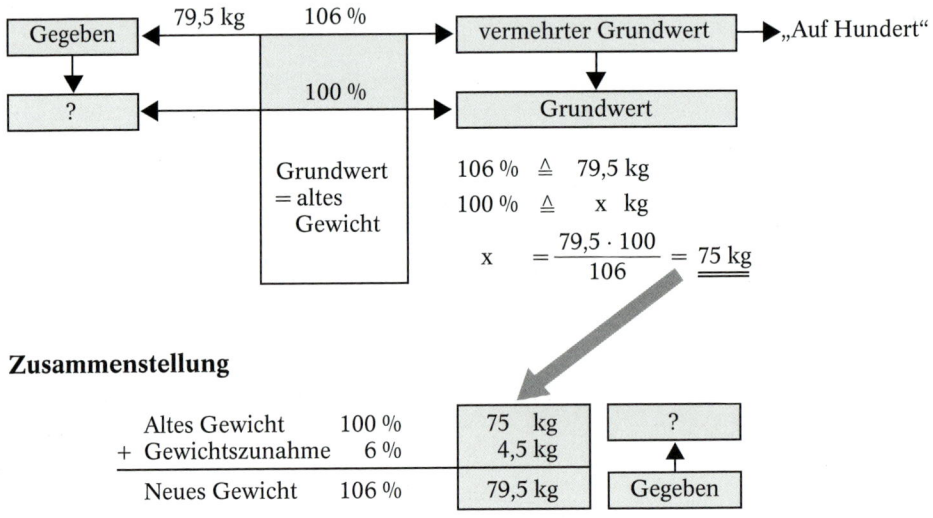

Auch bei der Prozentrechnung auf Hundert kann der Rechengang beim Vorliegen **bequemer Prozentsätze** vereinfacht werden. (Vergleiche folgendes Beispiel mit Lösung.)

510748

Beispiel mit Lösung

Aufgabe

Der Preis einer Ware ist im letzten Jahr um $8\frac{1}{3}\%$ auf 104,00 € gestiegen. Wie hoch waren der ursprüngliche Preis und die Preiserhöhung?

Lösung

$$108\frac{1}{3}\ \% \ \triangleq \ \boxed{104,00\ € = 13\ \text{Teile}} \qquad (108\frac{1}{3} : 8\frac{1}{3} = 13)$$

$$100\ \ \% \ \triangleq \ \boxed{\text{x}\ \ € = 12\ \text{Teile}}$$

Lösungsmöglichkeit 1   **Lösungsmöglichkeit 2**

$$\text{x} = \frac{104,00 \cdot 100}{108\frac{1}{3}} = \frac{104,00 \cdot 100}{325/3} = \frac{104,00 \cdot 100 \cdot 3}{325} = \underline{\underline{96,00\ €}} \qquad \text{x} = \frac{104,00 \cdot 12}{13} = \underline{\underline{96,00\ €}}$$

Zusammenstellung

Alter Preis	100 %	96,00 €	12 Teile	?
+ Preiserhöhung	$8\frac{1}{3}$ %	8,00 €	1 Teil	↑
Neuer Preis	$108\frac{1}{3}$ %	104,00 €	13 Teile	Gegeben

Übungen

1. Ein Manager verdiente im letzten Jahr insgesamt 81.205,00 €. Dies sind 9 % mehr als im Jahr davor. Wie viel Euro betrugen der Gesamtverdienst vor 2 Jahren und die Verdienststeigerung?

2. Im letzten Schuljahr besuchten 1 288 Schüler eine Schule. Wie hoch war die Gesamtschülerzahl im Schuljahr davor, wenn die Schülerzunahme 3,04 % betrug?

3. Der Preis einer Ware wurde um 9 % auf 135,16 € erhöht. Wie viel Euro betrugen der alte Preis und die Preiserhöhung?

4. Wie viel Euro betrug jeweils der Nettopreis (= Preis ohne Umsatzsteuer) bei folgenden Bruttopreisen, die 19 % Umsatzsteuer enthalten?

    a) 1.448,84 €   b) 29,46 €   c) 13.746,00 €   d) 20.197,92 €   e) 14,73 €

5. Wie viel Euro betrugen die Preissteigerungen und der alte Preis?

Neuer Preis (€)	Preissteigerung	Neuer Preis (€)	Preissteigerung
a) 174,25	2,5 %	c) 322,50	7,5 %
b) 505,44	8 %	d) 611,00	$8\frac{1}{3}$ %

6. Die Kfz-Versicherungsprämie kann wahlweise jährlich, vierteljährlich und monatlich bezahlt werden.

    a) Eine Vierteljahresprämie beträgt einschließlich 4,5 % Aufschlag 87,78 €. Wie hoch ist die Versicherungsprämie bei jährlicher Zahlung?

    b) Wie viel Prozent beträgt der Aufschlag, wenn bei monatlicher Zahlung jeweils 29,68 € zu entrichten sind?

7.5.2 Die Prozentrechnung im Hundert
(vom verminderten Grundwert)

Aufgabe

Die schwergewichtige Luise Käfer entschließt sich auf Anraten eines Arztes zu einer Abmagerungskur. Ihr Gewicht beträgt nach 8 Monaten nur noch 93,5 kg und hat sich um 15 % verringert. Wie viel Kilogramm wog sie vorher und wie viel Kilogramm hat sie abgenommen?

Lösung

Die Gewichtsabnahme (15 %) wurde vom alten Gewicht berechnet. Das alte Gewicht entspricht somit 100 %, das neue Gewicht 100 % − 15 % = 85 %.

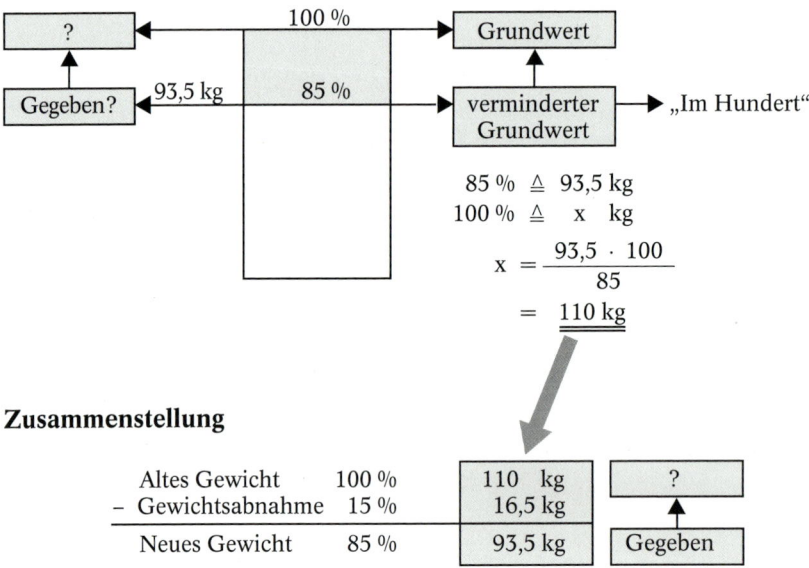

Zusammenstellung

Altes Gewicht	100 %	110 kg	?
− Gewichtsabnahme	15 %	16,5 kg	
Neues Gewicht	85 %	93,5 kg	Gegeben

Die Prozentrechnung im Hundert kann vereinfacht werden, wenn ein **bequemer Prozentsatz** vorliegt. (Vergleiche folgendes Beispiel mit Lösung.)

510750

Beispiel mit Lösung

Aufgabe

Der Preis einer Ware wurde um $8\frac{1}{3}\%$ auf 132,00 € gesenkt. Wie hoch waren der ursprüngliche Preis und die Preissenkung in Euro?

Lösung

$$
\begin{array}{ll}
91\frac{2}{3}\% \;\triangleq & \boxed{\begin{array}{l} 132,00\ € = 11\ \text{Teile} \\ \text{x}\quad € = 12\ \text{Teile} \end{array}} \qquad (91\frac{2}{3} : 8\frac{1}{3} = 11)
\end{array}
$$
$$
100\ \% \;\triangleq
$$

Lösungsmöglichkeit 1 **Lösungsmöglichkeit 2**

$$
x = \frac{132,00 \cdot 100}{91\frac{2}{3}} = \frac{132,00 \cdot 100}{\frac{275}{3}}
$$

$$
x = \frac{132,00 \cdot 12}{11} = \underline{\underline{114,00\ €}}
$$

$$
= \frac{132,00 \cdot 100 \cdot 3}{275} = \underline{\underline{144,00\ €}}
$$

Zusammenstellung

Alter Preis	100 %	144,00 €	12 Teile		?
− Preissenkung	$8\frac{1}{3}$ %	12,00 €	1 Teil		
Neuer Preis	$91\frac{2}{3}$ %	132,00 €	11 Teile		Gegeben

Übungen

1. Die Schülerzahl an einer kaufmännischen Schule nahm im neuen Schuljahr um 8 % ab. Wie hoch war die Schülerzahl im alten Schuljahr, wenn jetzt 1 150 Schüler die Schule besuchen?

2. Der Preis einer Ware beträgt nach einer Preissenkung um 12 % 145,20 €. Ermitteln Sie den alten Preis und die Preissenkung in Euro.

3. Nach Abzug von 30 % Rabatt überweisen wir unserem Lieferer 1.921,50 €. Wie viel Euro beträgt der Rechnungsbetrag vor Abzug des Rabattes?

4. Im Vergleich zum Vorjahr sank der Umsatz eines Unternehmens um 22,5 % und beträgt jetzt 1.894.875,00 €. Wie hoch war der Umsatz des Vorjahres?

5. Wie viel Euro betrugen die Umsatz- bzw. Preissenkung und der alte Umsatz bzw. Preis?

	Neuer Umsatz €	Umsatz-rückgang		Neuer Preis €	Preissenkung
a)	686.875,00	12,5 %	d)	7,00	$6\frac{2}{3}$ %
b)	271.440,00	13 %	e)	420,00	4,5 %
c)	374.550,00	$8\frac{1}{3}$ %	f)	65,00	$16\frac{2}{3}$ %

7.6　Die zusammengesetzte Prozentrechnung

Beispiel mit Lösung

Aufgabe

Ein Angestellter erhielt zuerst 5 %, ein Jahr später 6 % Gehaltsaufbesserung. Er verdient danach 2.281,65 € monatlich. Wie viel Euro betrugen sein altes Gehalt und seine Gehaltsaufbesserungen?

Lösung

Altes Gehalt	100 %			2.050,00 €	②
+ Erhöhung I	5 %			102,50 €	
Neues Gehalt I	105 %		100 %	2.152,50 €	①
+ Erhöhung II			6 %	129,15 €	
Neues Gehalt II			106 %	2.281,65 €	

Rechenweg (Dreisätze)

①

$$106\,\% \quad = \quad\quad\quad\quad\quad 2.281,65\,€$$
$$6\,\% \quad = \quad x$$
$$x \quad = \quad \frac{2.281,65 \cdot 6}{106} \quad = \quad 129,15\,€$$

| Neues Gehalt I | 2.152,50 € |

bzw.

$$106\,\% \quad = \quad\quad\quad\quad\quad 2.281,65\,€$$
$$100\,\% \quad = \quad x$$
$$x \quad = \quad \frac{2.281,65 \cdot 100}{106} \quad = \quad 2.152,50\,€$$

| Erhöhung II | 129,15 € |

②

$$105\,\% \quad = \quad\quad\quad\quad\quad 2.152,50\,€$$
$$5\,\% \quad = \quad x$$
$$x \quad = \quad \frac{2.152,50 \cdot 5}{105} \quad = \quad 102,50\,€$$

| Altes Gehalt | 2.050,00 € |

bzw.

$$105\,\% \quad = \quad\quad\quad\quad\quad 2.152,50\,€$$
$$100\,\% \quad = \quad x$$
$$x \quad = \quad \frac{2.152,50 \cdot 100}{105} \quad = \quad 2.050,00\,€$$

| Erhöhung I | 102,50 € |

Übungen

1. Die Schülerzahl an einer kaufmännischen Schule stieg in den letzten beiden Schuljahren um 12 % und 7 %. Wie hoch waren die ursprüngliche Schülerzahl und die jeweilige Schülerzunahme, wenn jetzt 1 498 Schüler die Schule besuchen?

2. Der Preis einer Schreibmaschine wird im Mai um $8\frac{1}{3}\,\%$ und im September erneut um 6 % heraufgesetzt. Die Schreibmaschine kostet jetzt 1.378,00 €. Wie viel Euro betrugen der ursprüngliche Preis und die einzelnen Preiserhöhungen?

3. Die durchschnittlichen Zuschauerzahlen bei Heimspielen eines Bundesligavereins entwickelten sich folgendermaßen:

   Jahr 2: $16\frac{2}{3}\,\%$ Rückgang gegenüber Jahr 1
   Jahr 3:　8　% Rückgang gegenüber Jahr 2
   Durchschnittliche Zuschauerzahl Jahr 3: 18 630

   Welche durchschnittliche Zuschauerzahl wurde im Jahr 1 verzeichnet?

4. Der Umsatz eines Unternehmens stieg im Vorjahr um 6 %, nachdem vor zwei Jahren ein Rückgang von 2,5 % zu verzeichnen war. Wie viel Euro betrugen der ursprüngliche Umsatz und die einzelnen Umsatzänderungen, wenn in diesem Jahr 358.306,50 € Umsatz erzielt wurden?

5. Wie viel Euro betrug das ursprüngliche Gehalt?

	Gehaltserhöhung 1. Jahr	Gehaltserhöhung 2. Jahr	Neues Gehalt €
a)	5 %	4 %	2.184,00
b)	7 %	8 %	2.889,00
c)	10 %	6 %	3.731,20

6. Wie viel Euro betrug der ursprüngliche Preis?

	Preisänderung 1. Jahr	Preisänderung 2. Jahr	Neuer Preis €
a)	+ 4 %	+ 5 %	449,90
b)	+ 8 %	− 2 %	15,90
c)	− 6 %	+ 3 %	148,13
d)	− 2 %	− 3,5 %	2,45
e)	+ 3⅓ %	− 12,5 %	16,80
f)	− 6 %	− 5 %	169,67

7. Die Gewinne einer Unternehmung entwickelten sich gegenüber dem jeweiligen Vorjahr folgendermaßen:

2. Jahr	3. Jahr	4. Jahr	5. Jahr	Gewinn (€) 5. Jahr
+ 15 %	− 4 %	− 6 %	+ 9 %	260.166,43

Wie viel Euro Gewinn wurden im 1. Jahr erzielt?

8. Wir überweisen unserem Lieferanten 2.704,80 €, nachdem wir den Bruttorechnungsbetrag (= Rechnungsbetrag einschließlich 19 % Umsatzsteuer) um 2 % Skonto gekürzt haben. Welchen Nettorechnungsbetrag stellte unser Lieferer in Rechnung?

8 Die Zinsrechnung

8.1 Einführung in die Zinsrechnung

Das Herz von Herrn Fritz Finkenheimer schlägt höher, als er in Begleitung seines Bekannten Josef Seewald in einem Schaufenster folgendes Sonderangebot liest:

„Großbild-Farbfernseher mit Videogerät und Videokamera, Gesamtpreis 5.000,00 €."

Leider fehlen Finkenheimer im Augenblick die finanziellen Mittel. In etwa **5 Monaten** erwartet er jedoch einen größeren Geldbetrag. Zum Glück ist Herr Seewald bereit ihm für diese Zeit ein Darlehen über **5.000,00 €** zu gewähren. Beide einigen sich auf die zusätzliche Zahlung von **6 %** Zinsen. Herr Finkenheimer erfüllt seinen Traum.

5 Monate später taucht Herr Seewald bei Herrn Finkenheimer auf, um zu kassieren:

Seewald rechnet:		Finkenheimer rechnet demgegenüber:	
Schuld	5.000,00 €	Schuld	5.000,00 €
+ 6 % Zinsen	300,00 €	+ 6 % Zinsen	125,00 €
Rückzahlungsbetrag	5.300,00 €	Rückzahlungsbetrag	5.125,00 €

Jeder fühlt sich vom anderen „übers Ohr gehauen". Wer rechnete richtig?

(Lösungshinweis: Vergleiche S. 56, Kapitel 8.3).

Für die Überlassung von Kapital verlangt der Kapitalgeber (= Gläubiger) vom Schuldner einen Preis, den **Zins.**

Beispiel mit Lösung

Aufgabe

Die Möbelgroßhandlung Georg Schnobel OHG nimmt am 15. Juni 01 bei der Bank einen Kredit über 5.000,00 € auf. Die Rückzahlung erfolgt am 15. Juni 02. Wie hoch sind die Zinsen, wenn ein Zinssatz von 6 % vereinbart wurde?

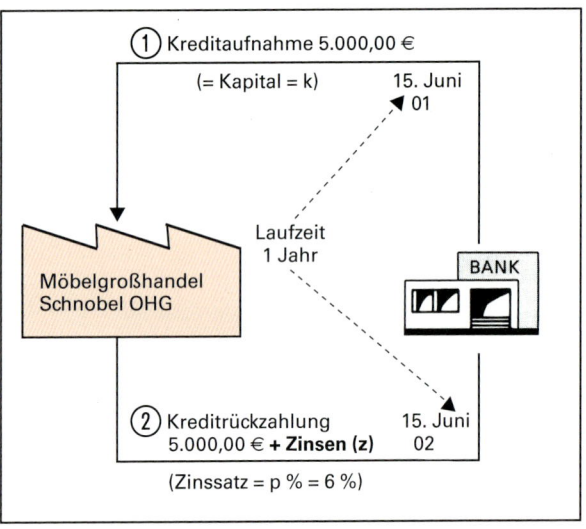

① Kreditaufnahme 5.000,00 €
(= Kapital = k)   15. Juni 01

Laufzeit 1 Jahr

BANK

Möbelgroßhandel Schnobel OHG

② Kreditrückzahlung 5.000,00 € **+ Zinsen (z)**   15. Juni 02

(Zinssatz = p % = 6 %)

Lösung

Zinsen für 1 Jahr: 6 % von 5.000,00 €

$$= \frac{5.000,00 \cdot 6}{100} = \underline{300,00 \ €}$$

Merke Die Zinsrechnung entspricht der Prozentrechnung, wenn die Kreditlaufzeit ein Jahr beträgt. Der Zinssatz (p %) bezieht sich stets auf ein Jahr.

510754

8.2 Die Berechnung der Jahreszinsen

Aufgabe

Vergleiche Abbildung.

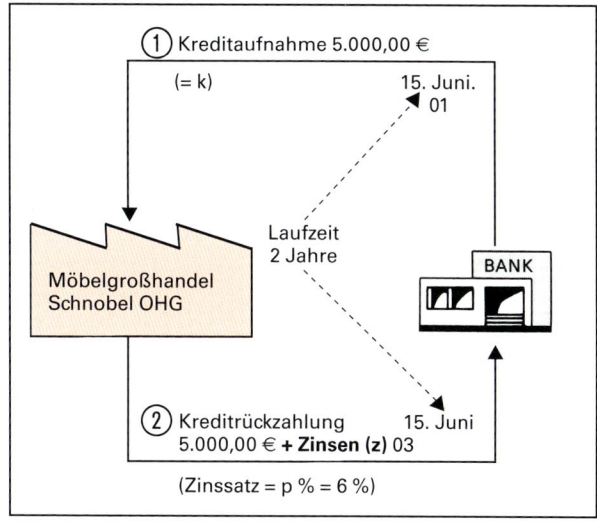

Lösung

Zinsen für 1 Jahr:

6 % von 5.000,00 €

$$= \frac{5.000,00 \cdot 6}{100}$$

Zinsen für 2 Jahre:

$$\begin{array}{ccc} \mathbf{k} & \mathbf{p} & \mathbf{Jahre\ (j)} \end{array}$$

$$= \frac{5.000,00 \cdot 6 \cdot 2}{100} = \underline{\underline{600,00\ €}}$$

$$\boxed{\text{Jahreszinsen (z)} = \frac{k \cdot p \cdot j}{100}}$$

Übungen

1. Wie viel Euro Zinsen sind jeweils für ein Jahr zu entrichten?

   a) 5.800,00 € zu 8 %

   b) 7.480,00 € zu 6 %

   c) 19.870,00 € zu $8\frac{1}{3}$ %

   d) 45.400,00 € zu 12,5 %

2. Wie viel Euro betragen die Zinsen?

	Kapital (€)	Zinssatz	Zeit
a)	145.000,00	7 %	5 Jahre
b)	60.500,00	9,5 %	$3\frac{1}{2}$ „
c)	42.750,00	10,5 %	3 „
d)	18.400,00	5 %	5. Nov. 01 bis 5. Mai 05

8.3   Die Berechnung der Monatszinsen

Aufgabe
Vergleiche Abbildung.

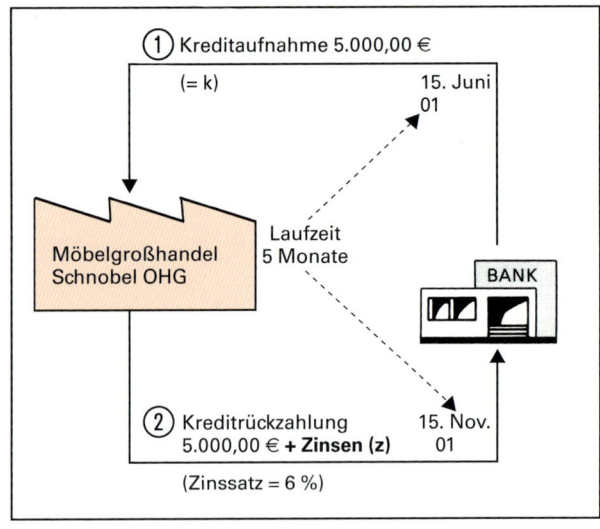

Lösung

Zinsen für 1 Jahr (12 Monate):
6 % von 5.000,00 €

$$= \frac{5.000,00 \cdot 6}{100}$$

Zinsen für 1 Monat:
$$= \frac{5.000,00 \cdot 6}{100 \cdot 12}$$

Zinsen für 5 Monate:

$$\overset{k}{\uparrow} \quad \overset{p}{\uparrow} \quad \overset{\text{Monate (m)}}{\uparrow}$$

$$= \frac{5.000,00 \cdot 6 \cdot 5}{100 \cdot 12} = \underline{\underline{125,00\ €}}$$

$$\boxed{\text{Monatszinsen (z)} = \frac{k \cdot p \cdot j \cdot m}{100 \cdot 12}}$$

Übungen

1. Wie viel Euro betragen die Zinsen?

	Kapital	Zinssatz	Zeit
a)	10.350,00	5 %	6 Monate
b)	70.380,00	11 %	$4^{1}/_{2}$ „
c)	8.200,00	9,5 %	2 „
d)	2.910,00	7,5 %	17. Jan. bis 17. Sept.

510756

8.4   Die Berechnung der Tageszinsen

Aufgabe

Vergleiche Abbildung.

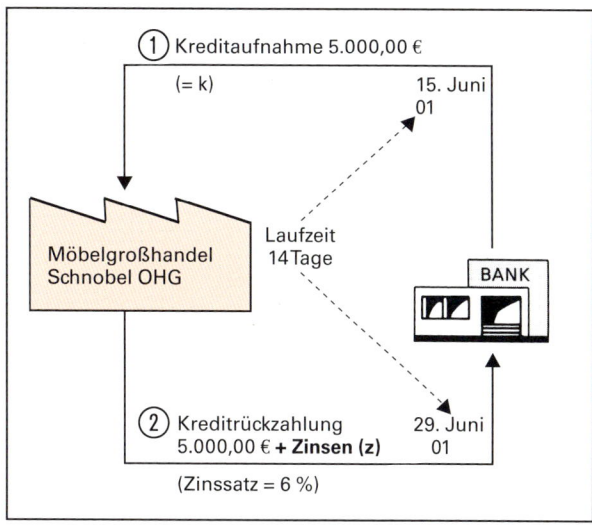

Lösung

Zinsen für 1 Jahr (360 Tage):

$$= \frac{5.000,00 \cdot 6}{100}$$

Zinsen für 1 Tag:

$$= \frac{5.000,00 \cdot 6}{100 \cdot 360}$$

$$\overset{\displaystyle k \qquad p \quad \text{Tage (t)}}{\text{Zinsen für 14 Tage:} = \frac{5.000,00 \cdot 6 \cdot 14}{100 \cdot 360} = \underline{\underline{11,66\ €}}}$$

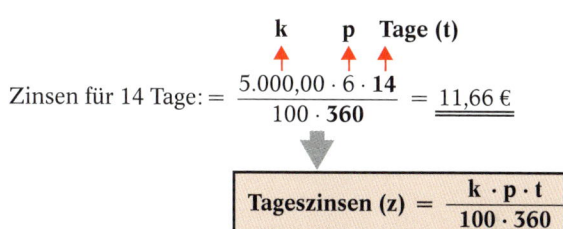

$$\boxed{\textbf{Tageszinsen (z)} = \frac{\mathbf{k \cdot p \cdot t}}{\mathbf{100 \cdot 360}}}$$

Die Berechnung der Tage

Im kaufmännischen Geschäftsverkehr gelten beim Errechnen der Tageszinsen i. d. R. folgende Grundsätze:

1. $\boxed{\textbf{1 Monat} = \textbf{30 Tage}}$ $\boxed{\textbf{1 Jahr} = \textbf{360 Tage}}$

   Der 31. eines Monats wird daher nicht gerechnet.

   Auch der **Februar** wird mit 30 Tagen gerechnet. Ausnahme: Die Verzinsung geht bis 28. (29.) Februar. In diesem Fall werden 28 (29) Tage angesetzt.

2. Der erste Kalendertag, von dem aus gerechnet wird, zählt – im Gegensatz zum letzten Tag – nicht als Zinstag. Folglich können die Zinstage leicht berechnet werden, indem man die beiden angegebenen Tage voneinander subtrahiert.

Beispiele mit Lösungen

Aufgaben

Ermitteln Sie die Zinstage.

a) 12. Mai bis 17. Sept.   c) 17. Febr. bis 1. März   e) 31. März bis 17. Juni

b) 1. März bis 31. März   d) 17. Febr. bis 28.März   f) 17. Dez. 01 bis 19. Jan. 02

Lösungen

a)   12. Mai bis 12. Sept. = 4 Monate mit je 30 Tagen = 120 Tage
   +12. Sept. bis 17. Sept. = 17 – 12   =   5 Tage
                                                          125 Tage

b)   1. März. bis 30. März. = 30 – 1   = 29 Tage

c)   17. Febr. bis 17. März.   = 30 Tage
      – 17. März. bis 1. März. = 17 – 1   = 16 Tage
                                                          14 Tage

d)   17. Febr. bis 28. Febr. = 28 – 17   = 11 Tage

e)   31. März bis 30. Juni = 3 Monate mit je 30 Tagen = 90 Tage
      – 30. Juni bis 17. Juni = 30 – 17   = 13 Tage
                                                          77 Tage

f)   17. Dez. 01 bis 17. Jan. 02   = 30 Tage
   +17. Jan. 02 bis 19. Jan. 02 = 19 – 17   =   2 Tage
                                                          32 Tage

Übungen

1. Ermitteln Sie die Zinstage.
   a) 17. März bis 29. Nov.   d) 31. März bis 1. Dez.   g) 17. Nov. bis 31. Dez.
   b) 16. Febr. bis 11. Okt. e) 1. Jan. bis 29. Juli h) 16. Sept. bis 1. Okt.
   c) 28. Febr. bis 17. Mai   f) 11. Jan. bis 28. Febr. i) 19. Sept. 01 bis 21. Nov. 02
                                                        j) 28. Dez. 01 bis 17. April 02

2. Ermitteln Sie die Zinsen.

Kapital (€)	Zinssatz	Zeit	Kapital (€)	Zinssatz	Zeit
a) 5.200,00	9 %	21. Febr. – 16. Okt.	a) 7.800,00	5 %	25. Mai – 31. Okt.
b) 20.200,00	11 %	31. März – 27. Nov.	b) 8.600,00	7 %	1. Jan. – 28. Nov.

8.5   Die Berechnung von Kapital, Zinssatz und Zeit

Je nachdem, welche Größe gesucht ist, kann die Tageszinsformel entsprechend umgeformt werden:

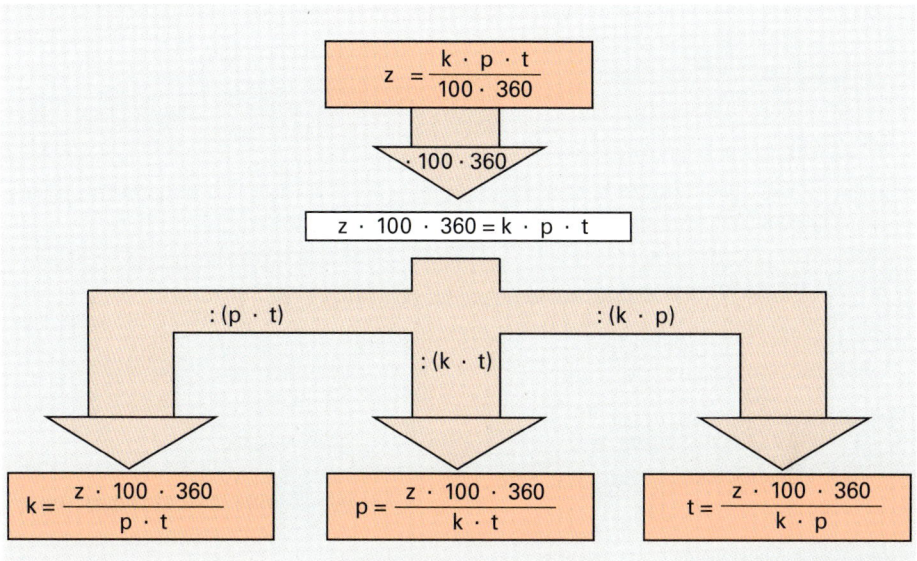

Beispiele mit Lösungen

Aufgaben

a) Wir beanspruchten 112 Tage lang einen Kredit zu 9 % und zahlten hierfür 266,00 € Zinsen.

   Wie hoch war der **Kredit**?

b) Wir beanspruchten 112 Tage lang einen Kredit über 9.500,00 € und zahlten hierfür 266,00 € Zinsen.

   Welcher **Zinssatz** wurde berechnet?

c) Wir beanspruchten einen Kredit über 9.500,00 € zu 9 % und zahlten hierfür 266,00 € Zinsen.

   Wie viel **Tage** wurde uns Kredit gewährt?

Lösungen

$$k = \frac{266{,}00 \cdot 100 \cdot 360}{9 \cdot 112} = \underline{\underline{9.500{,}00\ \text{€}}}$$

$$p = \frac{266{,}00 \cdot 100 \cdot 360}{9.500{,}00 \cdot 112} = \underline{\underline{9\ \%}}$$

$$t = \frac{266{,}00 \cdot 100 \cdot 360}{9.500{,}00 \cdot 9} = \underline{\underline{112\ \text{Tage}}}$$

Übungen

Berechnung des Kapitals

1. Wie viel Euro beträgt das Darlehen?

	a)	b)	c)	d)	e)
Zinsen	119,60 €	264,00 €	82,08 €	396,90 €	166,00 €
Zeit	17. März–23. Aug.	2. Aug.–31. Okt.	28. Febr.–30. Juli	17. Mai–11. Juli	31. März–23. Juni
Zinssatz	8 %	9 %	6 %	10,5 %	6 ⅔ %

2. Unsere Bank berechnete 105,60 € Zinsen für eine Kreditgewährung vom 12. Febr. bis 21. Mai. Wie viel Euro betrug der Kredit bei einem Zinssatz von 12 %?

3. Wir belasten unseren Kunden wegen zu später Zahlung für die Zeit vom 13. Juni bis 5. Sept. mit 9 % Verzugszinsen = 59,45 €. Wie lautete der Rechnungsbetrag?

4. Ein Unternehmer plant den Kauf eines Mietshauses. Er rechnet mit monatlichen Mieteinnahmen von 2.800,00 € und folgenden jährlichen Kosten:

Instandhaltungsaufwendungen	1.900,00 €
Abschreibungen	2.000,00 €
öffentliche Abgaben	1.200,00 €

    Der Unternehmer erwartet, dass sich sein eingesetztes Kapital mit 5 % verzinst. Welchen Kaufpreis wird er höchstens bezahlen?

5. Ein Mietshaus bringt monatliche Mieteinnahmen von 4.100,00 €. Das Haus ist mit zwei Hypotheken belastet, die im Falle des Verkaufs vom Käufer zu übernehmen sind:

    I. Hypothek 90.000,00 € zu 7 % Zinsen,
    II. Hypothek 40.000,00 € zu 8 % Zinsen.

    An weiteren Aufwendungen fallen jährlich an:

Steuern und Abgaben	2.600,00 €,
Reparaturen	3.000,00 €,
Abschreibungen	4.000,00 €.

    Welches Kapital kann der Käufer höchstens anlegen, wenn er eine Verzinsung von 4 % erzielen will?

Übungen

Berechnung des Zinssatzes

1. Ermitteln Sie den Zinssatz.

	a)	b)	c)	d)	e)
Zinsen	507,60 €	110,25 €	796,50 €	910,80 €	116,85 €
Kapital	16.200,00 €	3.150,00 €	81.000,00 €	32.400,00 €	2.160,00 €
Zeit	9. Aug. – 31. Dez.	25. Febr. – 1. Juli	1. Febr. – 31. März	4. Sept. – 2. Dez.	13. Apr. – 8. Nov.

2. Unsere Bank verlangte für eine Kreditgewährung über 7.200,00 € vom 12. März bis 2. Aug. 168,00 € Zinsen. Mit welchem Zinssatz rechnete die Bank?

3. Ein Privatmann unterbreitet einem Bekannten folgendes Kreditangebot:

   Kredithöhe: 12.000,00 €
   Zinssatz: 6 %
   Bearbeitungsgebühr: 2 % der Kreditsumme
   Kreditlaufzeit: 10. Juni bis 31. Dezember

   Welchen wirklichen (effektiven) Zinssatz legt der Kapitalgeber zugrunde?

4. Ein Geschäftsmann legt sein Geld in einem Mietshaus an. Kaufpreis: 590.000,00 €. Er finanziert den Kauf folgendermaßen:

   Eigenkapital: 400.000,00 €
   I. Hypothek zu 6 %:   190.000,00 €

   Die monatlichen Mieteinnahmen betragen 2.600,00 €. An Reparaturen, Steuern und Abschreibungen fallen jährlich 4.600,00 € an.

   Mit wie viel Prozent verzinst sich das investierte Kapital?

5. Der Kaufpreis eines Mietshauses beträgt 790.000,00 €. Der Käufer verfügt über 320.000,00 € Eigenkapital. Den Restbetrag finanziert er über ein

   1. Hypothekendarlehen in Höhe von 220.000,00 € zu 6 %.
   2. Hypothekendarlehen in Höhe von 250.000,00 € zu 7 %.

   An Miete gehen monatlich 5.100,00 € ein. Steuern und Reparaturen kalkuliert er mit 2.500,00 € vierteljährlich. Die Abschreibungen und sonstigen Kosten belaufen sich auf jährlich 2.600,00 €.

   a) Zu wie viel Prozent verzinst sich das eingesetzte Kapital?

   b) Zu wie viel Prozent verzinst sich das eingesetzte Kapital, wenn das Haus nach einem Jahr zu 830.000,00 € veräußert wird und dem Verkäufer 1,5 % Maklerprovision belastet werden?

Übungen

Berechnung der Zeit

1. Wie viel Tage waren folgende Kapitalien ausgeliehen?

	a)	b)	c)	d)	e)
Kapital	2.070,00 €	17.100,00 €	3.330,00 €	68.400,00 €	1.656,00 €
Zinsen	134,55 €	245,10 €	29,60 €	156,75 €	25,30 €
Zinssatz	9 %	6 %	$6\frac{2}{3}$ %	$8\frac{1}{4}$ %	$12\frac{1}{2}$ %

2. Für einen Kredit in Höhe von 6.000,00 € zu 9 % belastete uns die Bank am 31. Dez. mit 228,00 € Zinsen. Wann wurde der Kredit ausgezahlt?

3. Wir erhielten eine Rechnung über 24.850,00 €, Zahlungsziel 60 Tage nach Rechnungsdatum. Wann wurde die Rechnung ausgestellt, wenn uns am 12. Aug. 9 % Verzugszinsen = 279,56 € belastet wurden?

8.6 Die Berechnung des Skontoabzuges als Zinssatz

Beispiel mit Lösung

Aufgabe

Unser Lieferer sendet uns eine Rechnung über 12.800,00 €, zahlbar innerhalb von 14 Tagen unter Abzug von 2 % Skonto oder 60 Tage Ziel. Weil wir gerade Liquiditätsprobleme haben, überlegen wir, ob es sinnvoll ist, einen Bankkredit zu 11 % aufzunehmen, um den Skontoabzug geltend machen zu können.

a) Für welche Zahlungsmöglichkeit (Skontoabzug und Bankkredit oder Zahlung des vollen Betrages nach 60 Tagen) entscheiden wir uns?

b) Welchem Zinssatz entspricht der Skontoabzug?

Lösung

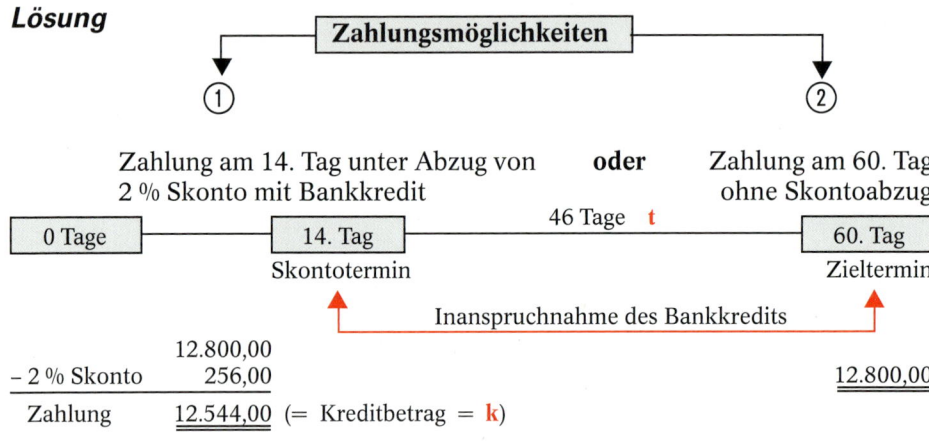

a) Zinskosten des Bankkredits:

$$z = \frac{k \cdot p \cdot t}{100 \cdot 360} = \frac{12.544,00 \cdot 11 \cdot 46}{100 \cdot 360} = \underline{\underline{176,31 \text{ €}}}$$

Zahlung ohne Skontoabzug am 60. Tag:		12.800,00 €
− Zahlung mit Skontoabzug am 14. Tag:	12.544,00	
− Bankzinsen	176,31	12.720,31 €
Vorteil bei Skontoabzug mit Bankkredit		79,69 €

b) Berechnungsmöglichkeit 1:

$$\left. \begin{array}{l} z = \quad 256,00 \text{ €} \\ k = 12.544,00 \text{ €} \\ t = \quad\quad 46 \end{array} \right\} \quad p = \frac{z \cdot 100 \cdot 360}{k \cdot t} = \frac{256,00 \cdot 100 \cdot 360}{12.544,00 \cdot 46} = \underline{\underline{15,97}} \text{ (%)}$$

Berechnungsmöglichkeit 2: Zur Vereinfachung unterstellen wir einen Rechnungsbetrag von 100,00 €:

$$\left. \begin{array}{l} z = \quad 2,00 \text{ €} \\ k = \quad 98,00 \text{ €} \\ t = \quad\quad 46 \end{array} \right\} \quad p = \frac{z \cdot 100 \cdot 360}{k \cdot t} = \frac{2,00 \cdot 100 \cdot 360}{98,00 \cdot 46} = \underline{\underline{15,97}} \text{ (%)}$$

510762

Auch beim Vergleich dieses Zinssatzes (15,97 %) mit dem des Bankkredits (11 %) wird deutlich, dass die Ausnutzung des Skontoabzugs sinnvoll ist.

Übungen

1. Wie viel Prozent Verzinsung entspricht der Skontoabzug, wenn folgende Zahlungsbedingungen vereinbart wurden:

a) Zahlung innerh. 30 Tagen abzügl. 2 % Skonto oder 3 Monate Ziel

b) Zahlung innerh. 14 Tagen abzügl. 1,5 % Skonto oder 60 Tage Ziel

c) Zahlung innerh. 10 Tagen abzügl. 3 % Skonto oder 30 Tage Ziel

d) Zahlbar innerhalb 14 Tagen mit 2 % Skonto oder innerhalb 30 Tagen rein netto

e) Ziel 30 Tage oder innerhalb 8 Tagen unter Abzug von 2,5 % Skonto

2.	Rechnungsbetrag	Zahlungsbedingungen	Zinssatz des Bankkredites
1.	9.100,00 €	2 % Skonto innerhalb 14 Tagen oder 60 Tage Ziel	13 %
2.	5.600,00 €	3 % Skonto innerhalb 8 Tagen oder 30 Tage Ziel	12 %
3.	17.900,00 €	2,5 % Skonto innerhalb 30 Tagen oder 90 Tage Ziel	11 %

a) Wie viel Euro beträgt jeweils der Vorteil, wenn wir mithilfe eines Bankkredites den Skontoabzug ausnutzen?

b) Welchem Zinssatz entspricht jeweils der Skontoabzug?

3. Ist es sinnvoll, zwecks Ausnutzung des Skontoabzugs einen Bankkredit aufzunehmen, wenn die Bank 12 % Zinsen in Rechnung stellt?

Rechnungsbetrag: 10.800,00 €; Zahlungsbedingungen: Bei Zahlung innerhalb 10 Tagen unter Abzug von 2 % Skonto oder innerhalb 60 Tagen netto Kasse.

8.7 Die Umwandlung des Zinssatzes in einen Prozentsatz

Beispiel mit Lösung

Aufgabe

Ein Darlehen in Höhe von 18.000,00 € wird 210 Tage zu einem Zinssatz von 12 % gewährt.

a) Wie hoch sind die Zinsen?

b) Welchem Prozentsatz entspricht dieser Zinssatz?

Lösung

a) $\quad z = \dfrac{k \cdot p \cdot t}{100 \cdot 360} = \dfrac{18.000,00 \cdot 12 \cdot 210}{100 \cdot 360} = \underline{\underline{1.260,00\ €}}$

b) $\quad \left.\begin{array}{l} 18.000,00\ € = 100\,\% \\ 1.260,00\ € = \quad x\,\% \end{array}\right\} \quad x = \dfrac{100 \cdot 1.260,00}{18.000,00} = \underline{\underline{7\,\%}}$ angepasster Zinssatz (= Zeitprozentsatz)

Probe: 7 % von 18.000,00 € = 1.260,00 €

Andere Berechnungsmöglichkeit:

$\left.\begin{array}{l} 360\ \text{Tage} = 12\,\% \\ 210\ \text{Tage} = \quad x\,\% \end{array}\right\} \quad x = \dfrac{12 \cdot 210}{360} = \underline{\underline{7\,\%}}$

Übungen

1. Ermitteln Sie den angepassten Zinssatz (= Prozentsatz).

	a)	b)	c)	d)	e)	f)
Zinssatz	11 %	14 %	8 %	10 %	9 %	7 %
Zeit (Tage)	90	270	160	50	320	90

2. Wandeln Sie folgende Prozentsätze in einen Zinssatz um.

	a)	b)	c)	d)	e)	f)
Prozentsatz	4 %	1,5 %	7,5 %	1 %	1 %	1 %
Zeit (Tage)	60	90	330	20	15	60

510764

8.8 Die Zinsrechnung vom vermehrten und verminderten Kapital

8.8.1 Die Zinsrechnung vom vermehrten Kapital
(Zinsrechnung auf Hundert)

Beispiel mit Lösung

Aufgabe

Eine Bank gewährte uns vom 15. Mai bis 21. Sept. einen Kredit zu 10 %. Am 21. Sept. zahlten wir einschließlich Zinsen 20.493,00 € zurück. Wie hoch sind der Kredit und die Zinsen?

Lösung

Weil die Größe k = Kapital nicht gegeben ist, kann die Berechnung der Zinsen nicht mit der Formel

$$z = \frac{k \cdot p \cdot t}{100 \cdot 360}$$

erfolgen. Das Problem kann nur über den angepassten Zinssatz gelöst werden.

1. Berechnung des angepassten Zinssatzes:

$$\left.\begin{array}{l} 360\,\text{Tage} = 10\,\% \\ 126\,\text{Tage} = \ x\,\% \end{array}\right\} \quad x = \frac{10 \cdot 126}{360} = \underline{3,5\%}$$

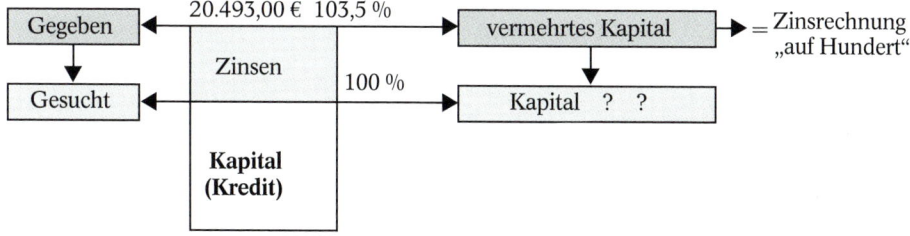

2. Berechnung des Kredites und der Zinsen:

$$\left.\begin{array}{l} 103,5\,\% = 20.493,00\,€ \\ 100\ \ \% = \quad x \quad € \end{array}\right\} \quad x = \frac{20.493,00 \cdot 100}{103,5} = \underline{19.800,00\,€}$$

Zusammenstellung

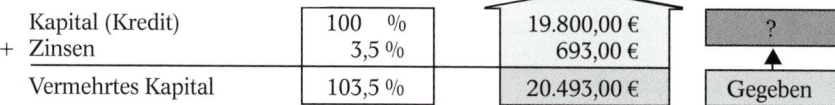

Kapital (Kredit)	100 %	19.800,00 €	?
+ Zinsen	3,5 %	693,00 €	
Vermehrtes Kapital	103,5 %	20.493,00 €	Gegeben

Lösung als Gleichung

$$\begin{array}{ccccc} \text{Kapital} & + & \text{Zinsen} & = & 20.493,00 \\ \downarrow & & \downarrow & & \\ k & + & \dfrac{k \cdot 10 \cdot 126}{100 \cdot 360} & = & 20.493,00 \\ & & k & = & \underline{19.800,00} \end{array}$$

8.8.2 Die Zinsrechnung vom verminderten Kapital
(Zinsrechnung im Hundert)

Beispiel mit Lösung

Aufgabe

Ein Kreditgeber gewährte uns vom 15. März bis 31. Okt. einen Kredit zu 12 %. Die Auszahlung in Höhe von 11.655,00 € war bereits um die Zinsen gekürzt. Ermitteln Sie den Kreditbetrag.

Lösung

1. Berechnung des angepassten Zinssatzes:

$$\left. \begin{array}{l} 360 \text{ Tage} = 12\,\% \\ 225 \text{ Tage} = \text{ x}\,\% \end{array} \right\} \quad x = \frac{12 \cdot 225}{360} = \underline{\underline{7,5\%}}$$

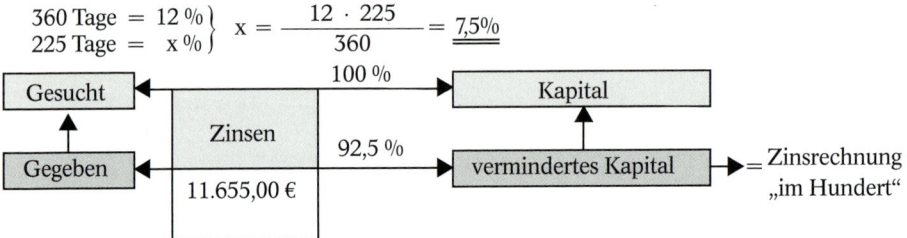

2. Berechnung des Kredites und der Zinsen:

$$\left. \begin{array}{l} 92,5\,\% = 11.655,00 \text{ €} \\ 100\ \ \% = \quad \text{x} \ \ \text{€} \end{array} \right\} \quad x = \frac{11.665,00 \cdot 100}{92,5} = \underline{\underline{12.600,00 \text{ €}}}$$

Zusammenstellung

Kapital (Kredit)	100 %	12.600,00 €	?
− Zinsen	7,5 %	945,00 €	
Vermindertes Kapital	92,5 %	11.655,00 €	Gegeben

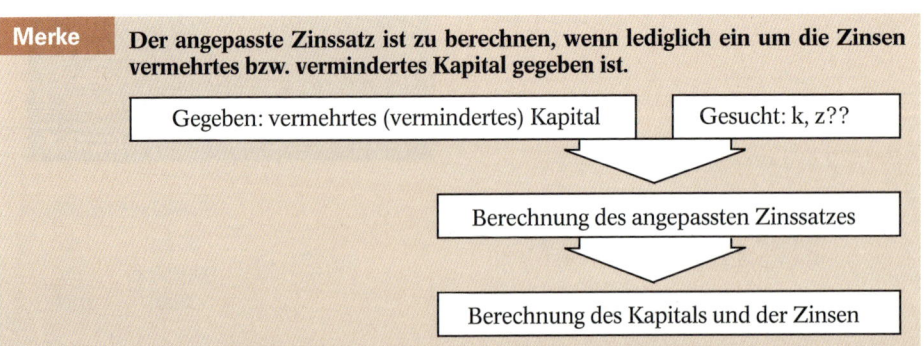

Merke Der angepasste Zinssatz ist zu berechnen, wenn lediglich ein um die Zinsen vermehrtes bzw. vermindertes Kapital gegeben ist.

Gegeben: vermehrtes (vermindertes) Kapital

Gesucht: k, z??

Berechnung des angepassten Zinssatzes

Berechnung des Kapitals und der Zinsen

510766

Übungen

1. Wir gewähren einem Kunden vom 12. März bis 2. Juni einen Kredit zu 9 %. Die Rückzahlung am 2. Juni beträgt einschließlich Zinsen 38.760,00 €. Wie hoch waren der Kredit und die Zinsen?

2. Ein Privatmann nahm am 15. April bei einem Finanzierungsinstitut einen Kredit zu 16 % auf. Der Kreditgeber kürzte den Betrag vorweg um die Zinsen und zahlte 8.930,00 €. Als Rückzahlungstag wurde der 31. August vereinbart. Wie hoch waren der Kredit und die Zinsen?

3. Ermitteln Sie den Darlehensbetrag bei folgenden Rückzahlungen einschließlich Zinsen.

	a)	b)	c)	d)
Rückzahlung einschließlich Zinsen	85.680,00 €	2.290,50 €	847,80 €	10.918,80 €
Zinssatz	12 %	6 %	9 %	11 %
Zeit	10. Febr. –10. April	12. Sept.–31. Dez.	5. Jan.–25. Nov.	8. Okt.–14. Nov.

4. Bei folgenden Auszahlungsbeträgen sind die Zinsen bereits abgezogen worden. Ermitteln Sie das Darlehen und die Zinsen.

	a)	b)	c)	d)
Auszahlung nach Zinsabzug	53.730,00 €	414,96 €	29.743,20 €	546,00 €
Zinssatz	9 %	4 %	14 %	10 %
Zeit (Tage)	20	108	72	90

5. Wir hätten am 10. Juli den Rechnungsbetrag eines Lieferanten begleichen müssen. Die Überweisung in Höhe von 45.101,75 € erfolgte jedoch erst am 25. Aug. einschließlich 9 % Verzugszinsen. Wie hoch war der Rechnungsbetrag?

6. Eine Bank zahlte nach Abzug von 1 % Bearbeitungsgebühr (berechnet vom Darlehensbetrag) und 9 % Zinsen für eine Kreditgewährung vom 16. April bis 16. Aug. 7.968,00 € aus. Ermitteln Sie den Darlehensbetrag, die Zinsen, die Bearbeitungsgebühr und den wirklichen (effektiven) Zinssatz.

8.9 Die Zinsrechnung mit der kaufmännischen Zinsformel

8.9.1 Die Ableitung der kaufmännischen Zinsformel

Die allgemeine Tageszinsformel kann folgendermaßen abgewandelt werden:

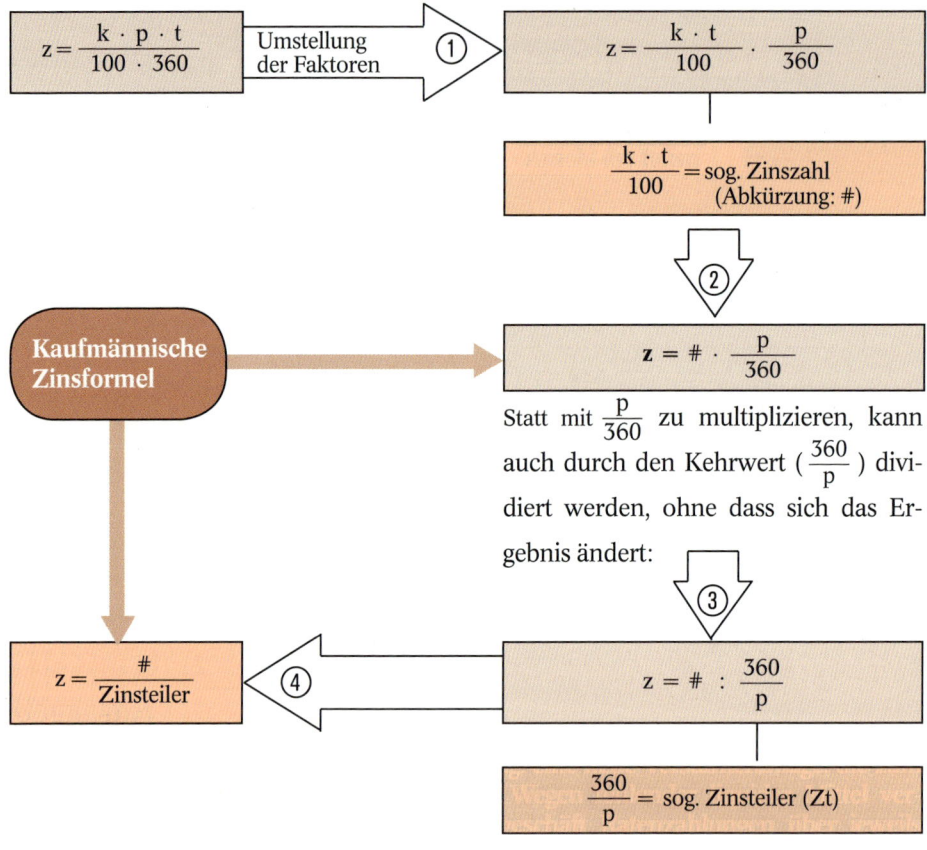

Beim Rechnen mit Taschenrechnern empfiehlt sich die Anwendung der kaufmännischen Zinsformel in der Form $z = \# \cdot \dfrac{360}{p}$

Vergleiche Taschenrechnerlösungen der folgenden Kapitel.

Grundsätzlich gelten für die Ermittlung der **Zinszahlen** (#) folgende Regeln:

1. Beim Kapital werden die Pfennigbeträge nicht berücksichtigt. Beispiel: k = 190,95 € → berücksichtigt werden lediglich 190,00 €. (Diese Regel gilt nicht beim Einsatz von **Rechenmaschinen** bzw. **Taschenrechnern**.)

2. Die Zinszahlen werden auf ganze Zahlen auf- bzw. abgerundet (ab 0,5 aufrunden). Zur Abstimmung der Zinszahlensumme (vgl. Kapitel 8.9.2 und 8.9.3) mit der exakten **Taschenrechnerlösung** kann es gelegentlich sinnvoll sein, von dieser Rundungsregel abzuweichen.

Übungen

1. Ermitteln Sie die Zinszahlen.

	Kapital (€)	Tage		Kapital (€)	Tage
a)	780,50	60	e)	3.415,00	78
b)	9.305,80	55	f)	207,60	109
c)	2.112,95	117	g)	7.316,10	340
d)	170,25	302			

2. Ermitteln Sie die Zinsen.

	#	Zinssatz		#	Zinssatz
a)	2 830	4 %	f)	4 721	8 %
b)	8 459	4,5 %	g)	5 205	9 %
c)	16 244	5 %	h)	18 762	10 %
d)	1 021	6 %	i)	6 304	12 %
e)	910	7,5 %	j)	2 617	15 %

8.9.2 Die Anwendung der kaufmännischen Zinsformel bei der summarischen Zinsrechnung

Beispiel mit Lösung

Aufgabe

Ein Olympiasieger im Schanzenspringen zahlte folgende Werbeeinnahmen bei seiner Bank ein:

1.500,00 € am 17. April	930,00 € am 22. Aug.
2.750,00 € am 23. Juni	4.760,00 € am 30. Sept.

Die Beträge werden mit 5 % verzinst. Wie hoch ist das Guthaben einschließlich Zinsen am 31. Dez.?

Lösungsmöglichkeit 1

Anwendung der Tageszinsformel $z = \dfrac{k \cdot p \cdot t}{100 \cdot 360}$

- 1.500,00 €
  17. Apr. – 31. Dez. = 253 Tage $\Big\}$ $z = \dfrac{1.500,00 \cdot 5 \cdot 253}{100 \cdot 360} = 52,71\,€$

- 2.750,00 €
  23. Juni – 31. Dez. = 187 Tage $\Big\}$ $z = \dfrac{2.750,00 \cdot 5 \cdot 187}{100 \cdot 360} = 71,42\,€$

- 930,00 €
  22. Aug. – 31. Dez. = 128 Tage $\Big\}$ $z = \dfrac{930,00 \cdot 5 \cdot 128}{100 \cdot 360} = 16,53\,€$

- 4.760,00 €
  30. Sept. – 31. Dez. = 90 Tage $\Big\}$ $z = \dfrac{4.760,00 \cdot 5 \cdot 90}{100 \cdot 360} = 59,50\,€$

  9.940,00 € Gesamtbeträge   Zinsen insgesamt   200,16 €
+   200,16 €
  10.140,16 € Guthaben 31. Dez. einschließlich Zinsen.

Die Rechnung kann mithilfe der kaufmännischen Zinsformel $z = \dfrac{\#}{\text{Zinsteiler}}$ verein-facht werden: Anstatt jedes Mal mit $\dfrac{5}{360}$ zu multiplizieren, werden zunächst nur die Zinszahlen ($= \dfrac{k \cdot t}{100}$) ermittelt und addiert. Die Summe der Zinszahlen wird dann mit $\dfrac{5}{360}$ multipliziert bzw. – was zum selben Ergebnis führt (vgl. Ableitung der kaufmännischen Zinsformel) – durch den Zinsteiler ($= \dfrac{360}{p} = \dfrac{360}{5}$) dividiert:

Verbesserte Lösungsmöglichkeit 2

Anwendung der kaufmännischen Zinsformel

① Beiträge und Einzahlungs-tage eintragen

② Ermittlung der Tage (Einzahlungstag bis Abrechnungstag)

③
– Ermittlung der Zins-zahlen nach der Formel
– $\# = \dfrac{k \cdot t}{100}$
– Addition der #

Kapital (k)	Einzahlungs-tag	Tage (t)	Zinszahlen #
1.500,00	17. April	253	3 795
2.750,00	23. Juni	187	5 143
930,00	22. Aug.	128	1 190
4.760,00	30. Sept.	90	4 284
9.940,00			14 412

9.940,00
\+   200,16   5 % Zinsen
10.140,16   Guthaben am 31. Dez. ⑤
                 einschließlich Zinsen

④

Ermittlung der Zinsen:

$$\text{Zinsteiler} = \frac{360}{p} = \frac{360}{5} = 72$$

$$\text{Zinsen} = \frac{\text{Summe} \,\#}{\text{Zinsteiler}}$$

$$= \frac{14\,412}{72} = 200,16\,€$$

bzw. (vgl. Taschenrechnerlösung): $z = \text{Summe} \,\# \cdot \dfrac{p}{360} = 14\,412 \cdot \dfrac{5}{360} = 200,16\,€$

Merke	**Die Anwendung der kaufmännischen Zinsformel** $z = \dfrac{\#}{Zt}$

bzw. $z = \# \cdot \dfrac{p}{360}$ ist sinnvoll, wenn

mehrere Beträge	zum	gleichen Zinssatz

verzinst werden.

510770

Übungen

1. Ein Berufssportler legte folgende Einnahmen aus Sportveranstaltungen bei seiner
   Bank zu 6 % an:

   1.250,00 € am 10. Febr.   2.300,00 € am 5. März
   970,00 € am 17. Febr.   4.150,00 € am 15. Juni

   Wie viel Euro beträgt sein Guthaben einschließlich Zinsen am 31. Dez.?

2. Ermitteln Sie die Zinsen zu 9 % bis zum 30. Juni

a)	Kapital (€)	Einzahlungs- tag	b)	Kapital (€)	Einzahlungs- tag	c)	Kapital (€)	Einzahlungs- tag
	485,00	17. Febr.		6.325,00	2. Jan.		1.260,25	13. März
	5.114,00	28. Febr.		8.212,00	31. Jan.		3.625,00	31. März
	2.340,00	4. Mai		1.465,00	15. März		4.370,30	19. Mai
	7.405,00	29. Mai		6.219,00	24. April		8.205,60	11. Juni

3. Wie viel Euro beträgt das Kapital einschließlich 8 % Zinsen bis zum 30. Sept.?

a)	Kapital (€)	Einzahlungs- tag	b)	Kapital (€)	Einzahlungs- tag	c)	Kapital (€)	Einzahlungs- tag
	6.160,00	25. Febr.		395,00	12. Jan.		4.385,10	1. April
	1.315,00	1. März		5.717,00	24. April		1.211,00	30. April
	5.440,00	15. Juli		1.205,00	12. Juli		812,55	16. Juni
	4.621,00	13. Sept.		6.984,00	1. Sept.		9.924,00	21. Sept.

4. Eine Unternehmung nahm bei der Bank folgende Kredite zu 11 % auf:

Betrag (€)	Auszahlungs- tag
14.000,00	17. April
9.600,00	23. Juni
4.500,00	27. Juli
11.400,00	24. Sept.

   Mit wie viel Euro Zinsen wird die Unternehmung am 31. Dez. belastet?

5. Unser Kunde Georg Schnorr schuldet uns folgende Beträge:

   4.265,20 €, fällig am   16. Febr.
   1.288,35 €, fällig am   19. März
   740,10 €, fällig am   17. April
   4.110,00 €, fällig am   30. April

   Welchen Gesamtbetrag einschließlich 7,5 % Verzugszinsen zahlt er am 31. Mai?

6. Wegen Liquiditätsschwierigkeiten haben wir es versäumt, mehrere Rechnungen eines Lieferanten zu begleichen:

    1.870,10 €, fällig am   14. Mai

    3.406,50 €, fällig am   27. Juni

      420,65 €, fällig am   12. Aug.

    6.207,40 €, fällig am   26. Aug.

Wie hoch ist der Gesamtbetrag einschließlich 5 % Verzugszinsen, den wir am 12. Okt. überweisen?

7. Das Sportgeschäft Sport-Fuchs erhielt von uns folgende Warenlieferungen:

    2.180,20 € am   14. Febr., Zahlungsziel 60 Tage

    5.842,65 € am   7. März, Zahlungsziel   3 Monate

    8.395,60 € am   31. März, Zahlungsziel 30 Tage

      984,20 € am   5. April, Zahlungsziel 14 Tage

Sport-Fuchs übergibt uns am 25. Sept. einen Scheck über den Gesamtbetrag einschließlich 8 % Verzugszinsen. Wie viel Euro beträgt die Schecksumme?

8. Auf welchen Gesamtbetrag einschließlich 4 % Verzugszinsen beläuft sich unsere Forderung per 30. Juni gegenüber einem Kunden, der noch folgende Rechnungsbeträge zu begleichen hat:

    1.874,60 €, fällig am   16. März

    9.364,20 €, fällig am   31. März

    2.864,10 €, fällig am   7. April

    7.416,50 €, fällig am   22. April

510772

8.9.3 Die Anwendung der kaufmännischen Zinsformel bei der Zinsstaffelrechnung

Beispiel mit Lösungen

Aufgabe

Herr Georg Stroll eröffnet am 1. Juni ein Sparkonto, das mit 5 % verzinst wird. Im Laufe des Jahres werden von Herrn Stroll mehrmals Beträge abgehoben bzw. eingezahlt:

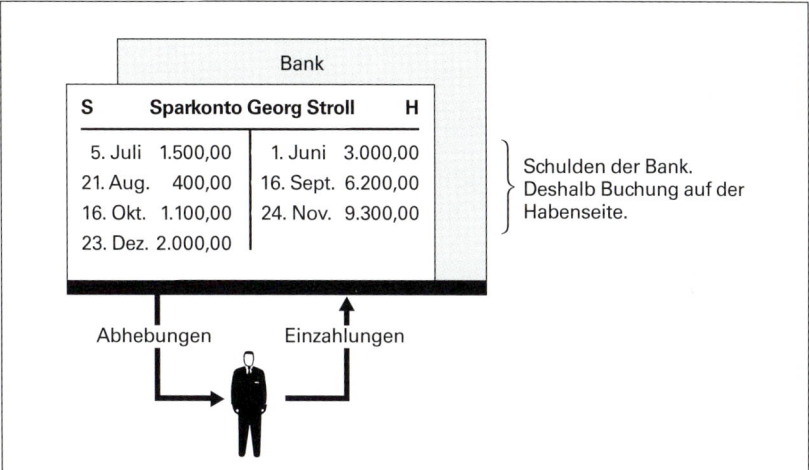

Welchen Stand weist das Konto am 31. Dez. nach Gutschrift der Sparzinsen auf?

Lösungsmöglichkeit 1

Summarische Zinsrechnung

a) Zinsen auf die Einzahlungen:

Betrag (€)	Wertstellung (= Datum)	Tage	#
3.000,00	1. Juni	209	6 270
6.200,00	16. Sept.	104	6 448
9.300,00	24. Nov.	36	3 348
18.500,00			16 066

$$z = \frac{16\,066}{72} = \underline{\underline{223{,}14\,€}}$$

b) Zinsen auf die Abhebungen:

Betrag (€)	Wertstellung (= Datum)	Tage	#
1.500,00	5. Juli.	175	2 625
400,00	21. Aug.	129	516
1.100,00	16. Okt.	74	814
2.000,00	23. Dez.	7	140
5.000,00			4 095

$$z = \frac{4\,095}{72} = \underline{\underline{56{,}88\,€}}$$

c) Berechnung des Kontenstandes am 31. Dez.:

	Einzahlungen...................................	18.500,00
–	Abhebungen...................................	– 5.000,00
+	Zinsen auf die Einzahlungen....................	+ 223,14
–	Zinsen auf die Abhebungen.....................	– 56,88
	Kontostand 31. Dez. einschließlich Zinsen............	13.666,26

Verbesserte Lösungsmöglichkeit 2

Zinsstaffelrechnung

① Tragen Sie die Beträge in der zeitlichen Reihenfolge ein. Nach jeder Änderung des Kontostandes wird der neue Saldo ermittelt.

② – Berechnen Sie, wie viele Tage die erste Einzahlung und die jeweiligen Salden zu verzinsen sind. Jeder Saldo wird so lange verzinst, bis er sich erneut ändert.

– Addieren Sie die Tage und machen Sie die **Tageprobe.** Tagesumme (209 Tage) = Abrechnungszeitraum (1. Juni bis 31. Dez.).

– Der weitere Rechenweg ist bekannt.

③

Wertstellung	Soll (S) Haben (H)	Betrag (€)	Tage	# S	# H
1. Juni	H	3.000,00	34		1020
5. Juli	S	– 1.500,00			
	H	1.500,00	46		690
21. Aug.	S	– 400,00			
	H	1.100,00	25		275
16. Sept.	H	+ 6.200,00			
	H	7.300,00	30		2190
16. Okt.	S	– 1.100,00			
	H	6.200,00	38		2356
24. Nov.	H	+ 9.300,00			
	H	15.500,00	29		4495
23. Dez.	S	– 2.000,00			
31. Dez.	H	13.500,00	7		945
	H	+ 166,26	209		11971
31. Dez.	H	⑤ 13.666,26			

④ $$z = \frac{\#}{Zt} = \frac{11\,971}{72} = 166{,}26 \quad \text{bzw.} \quad z = \# \cdot \frac{p}{360}$$

$$= 11\,971 \cdot \frac{5}{360} = 166{,}26$$

510774

Die Anwendung der Zinsstaffelrechnung ist u. a. in folgenden Bereichen sinnvoll:

a) Zinsabrechnungen bei Kontokorrentkonten (laufende Konten)

b) Ermittlung von Verzugszinsen bei Kundenforderungen oder Lieferantenverbindlichkeiten bei Leistung von Abschlagszahlungen

c) Zinsabrechnungen für die Gesellschafter einer Personengesellschaft (OHG bzw. KG)

Merke — **Vorgehensweise bei der Staffelrechnung:**

Beträge in zeitlicher Reihenfolge eintragen und jeweilige Salden ermitteln.

↓

Zinstage für den ersten Betrag sowie für alle Salden berechnen.

↓

Zinszahlen und Zinsen mit kaufmännischer Zinsformel ermitteln.

Übungen

1. Der Wirtschaftsschüler Hans Schäfer eröffnete vor einigen Jahren ein Girokonto, das mit 1,5 % verzinst wird. Folgende Kontenbewegungen fanden statt:

Soll	**Girokonto Hans Schäfer**	Haben
25. Jan. 900,00	31. Dez. (Saldovortrag) 1.800,00	
15. Febr. 450,00	18. Jan. 350,00	
12. März 830,00	31. Jan. 600,00	
19. März 550,00	28. Febr. 600,00	
	31. März 600,00	

Ermitteln Sie den Kontostand zum 31. März nach Gutschrift der Zinsen.

2. Auf dem Kapitalkonto des OHG-Gesellschafters Kurt Albrecht wurden folgende Beträge gebucht:

Entnahmen	**Kapitalkonto Kurt Albrecht**	Einlagen
9. Jan. 4.500,00	31. Dez. (Anfangsbestand) 280.000,00	
4. Aug. 800,00	16. März 2.100,00	
19. Okt. 6.900,00	29. Juli 19.400,00	
	27. Nov. 1.800,00	

Wie viel € beträgt der Kapitalanteil des Gesellschafters zum 31. Dez. einschließlich Zinsen, wenn laut Gesellschaftsvertrag mit einem Zinssatz von 7 % zu rechnen ist und kein Gewinn erzielt wurde?

3. Unser Forderungskonto des Kunden Georg Schnorr weist folgende Bewegungen auf:

Soll	**Forderungskonto Georg Schnorr**	Haben
Rechnung fällig 15. April . 5.282,50	Überweisung 16. Mai 3.000,00	
Rechnung fällig 19. Juni .. 1.918,80	Bankscheck 28. Juli 2.800,00	
Rechnung fällig 27. Sept. . 4.620,50	Überweisung 10. Okt. 2.400,00	

Ermitteln Sie die Restschuld unseres Kunden am 31. Dez. einschließlich 9 % Verzugszinsen.

4. Ein Kunde schuldet uns:

4.170,00 €, fällig 14. Febr.	
3.910,00 €, fällig 16. April	
1.070,00 €, fällig 29. Juli	
9.430,00 €, fällig 25. Sept.	

Der Kunde leistete folgende Zahlungen:

3.000,00 € am 27. März
3.500,00 € am 28. April
9.000,00 € am 23. Okt.

Wie viel Euro beträgt die Restschuld einschließlich 6 % Verzugszinsen am 31.12.?

5. Das Kapitalkonto eines OHG-Gesellschafters zeigt folgende Entwicklung:

a)
Anfangsbestand .. 31. Dez.		730.000,00
Entnahme .... 14. März		8.550,00
Entnahme .... 26. April		2.300,00
Einlage.......... 19. Mai		9.450,00
Entnahme .... 25. Okt.		3.100,00
Einlage.......... 8. Dez.		1.550,00

b)
Anfangsbestand .. 31. Dez.		145.000,00
Einlage.......... 17. April		12.400,00
Entnahme .... 1. Juli		3.600,00
Entnahme .... 23. Sept.		9.450,00
Einlage.......... 18. Nov.		6.150,00
Entnahme .... 23. Dez.		1.200,00

Ermitteln Sie die Zinsen zum 31. Dez., wenn im Gesellschaftsvertrag ein Zinssatz von 9 % vereinbart ist.

6. Auf dem Kontokorrentkonto eines Bankkunden wurden folgende Beträge gebucht:

a)
Saldovortrag (Soll) 30. Sept.		2.150,00
Überweisung		
an Finanzamt .... 12. Okt.		4.620,00
Bareinzahlung ... 27. Okt.		5.000,00
Überweisung		
an Versicherung .. 13. Nov.		840,00
Schecklastschrift.. 11. Dez.		2.170,00
Steuererstattung .. 17. Dez.		1.460,00

b)
Saldovortrag (Soll) 31. März		450,00
Schecklastschrift 16. April		1.760,00
Überweisung		
an Finanzamt .... 1. Mai		3.110,00
Bareinzahlung ... 12. Mai		2.000,00
Überweisung		
eines Mieters..... 15. Mai		850,00
Gutschrift, Zinsen		
aus Wertpapieren 14. Juni		680,00

Wie viel Euro beträgt die Restschuld am 31. Dez. (a) bzw. 30. Juni (b) einschließlich 12 % Zinsen?

510776

8.10 Die Effektivverzinsung beim Kredit

Information: Bei der Auszahlung von Krediten kürzen die Kreditgeber häufig den Kreditbetrag um einen bestimmten Abschlag (= Disagio):

Kreditbetrag: 50.000,00 € (= 100 %)
Auszahlung: 49.000,00 € (= 98 %) } Differenz: 1.000,00 € (= 2 %) = **Disagio**

Neben dem Disagio kommen evtl. weitere Finanzierungskosten (Provisionen, Gebühren) zum Abzug. Folge: Der **Nominalzinssatz** (= vereinbarter Zinssatz, bezogen auf den Kreditbetrag) ist niedriger als der **effektive Zinssatz**. Banken sind verpflichtet dem Kunden den effektiven Zinssatz mitzuteilen.

Beispiel mit Lösung

Aufgabe

Ein Kreditgeber unterbreitet einem Geschäftsmann folgendes Kreditangebot:

Kredithöhe:	50.000,00 €	Bearbeitungsgebühr:	1,5 % der Kreditsumme
Zinssatz:	6 %	Kreditlaufzeit:	15. März bis 30. Nov.
Auszahlung:	98 %	**Effektiver Zinssatz ?**	

Lösung

Kredithöhe: 50.000,00 €

– 2 % Disagio 1.000,00 €

– 1,5 % Bearb.-Gebühr 750,00 €

Auszahlung = k 48.250,00 €

Zinsen: $z = \dfrac{50.000,00 \cdot 6 \cdot 255}{100 \cdot 360} = 2.125,00\ €$

+ Disagio, Bearbeitungsgebühr 1.750,00 €

Finanzierungskosten insges. = z 3.875,00 €

Effektiver Zinssatz $p = \dfrac{z \cdot 100 \cdot 360}{k \cdot t} = \dfrac{3.875,00 \cdot 100 \cdot 360}{48.250,00 \cdot 255} = 11,34\ \%$

Übungen

1. Ermitteln Sie den effektiven Zinssatz.

	Kreditsumme €	Zinssatz	Auszahlung	Bearbeitungs-gebühr	Kreditlaufzeit
a)	8.000,00	9 %	99 %	2 %	12. Febr. bis 31. Okt.
b)	8.000,00	9 %	99 %	2 %	5 Jahre
c)	35.000,00	8 %	98 %	2,5 %	7 Monate

2. Ermitteln Sie den effektiven Zinssatz.

	Kreditsumme €	Zinssatz	Disagio	Bearbeitungs-gebühr	Spesen €	Laufzeit
a)	10.000,00	5 %	4 %	2 %	70,00	1. Febr. bis 15. Dez.
b)	10.000,00	5 %	4 %	2 %	70,00	4 Jahre
c)	35.000,00	6 %	1,5 %	1,5 %	–	8 Monate

8.11 Vermischte Übungen zur Zinsrechnung

1. Ein Mietshaus soll eine Verzinsung von mindestens 4 % erbringen. Wie viel Euro Kapital können unter diesem Aspekt höchstens angelegt werden?

	monatliche Mieteinnahmen	Hypotheken-schulden	jährliche Hausaufwendungen
a)	3.000,00 €	40.000,00 € zu 6 % 60.000,00 € zu 7 %	4.000,00 €
b)	3.800,00 €	120.000,00 € zu 5 % 90.000,00 € zu 6 %	6.000,00 €

2. Zu wie viel Prozent verzinst sich das in einem Mietshaus angelegte Kapital?

	Kauf-preis	Eigen-kapital	Hypotheken-schulden	monatliche Miet-einnahmen	Haus-aufwendungen je Quartal
a)	670.000,00	400.000,00	200.000,00 zu 8 % 70.000,00 zu 10 %	4.200,00	2.100,00
b)	990.000,00	700.000,00	150.000,00 zu 9 % 140.000,00 zu 11 %	6.000,00	2.700,00

3. Ein Unternehmer möchte einen Teil seines Kapitals in einem Mietshaus anlegen. Die Mieteinnahmen belaufen sich auf 3.400,00 € monatlich. An jährlichen Kosten fallen Steuern und Gebühren (1.900,00 €), Abschreibungen (3.500,00 €) und Reparaturen (1.500,00 €) an.

   Welches Kapital sollte der Käufer höchstens anlegen, wenn er eine Verzinsung von 10 % erwartet?

4. Ein Kaufmann erwirbt zwecks sicherer Geldanlage ein Mehrfamilienhaus. Die monatlichen Mieteinnahmen betragen 4.200,00 €. An Kosten sind folgende Positionen zu berücksichtigen:

   I. Hypothek über 125.000,00 € zu 7,5 % Zinsen
   II. Hypothek über   60.000,00 € zu 6,5 % Zinsen
   Jährliche Abschreibungen: 6.200,00 €
   Jährliche Reparaturen: 3.000,00 €
   Vierteljährliche öffentliche Abgaben: 450,00 €

   a) Welches Kapital legt der Käufer höchstens an, wenn es sich mit 6 % verzinsen soll?

   b) Mit wie viel Prozent würde sich ein investiertes Kapital in Höhe von 500.000,00 € verzinsen?

5. Am 12. April nahm ein Unternehmer einen Kredit über 8.000,00 € zu 9 % auf. An welchem Tag zahlte er 8.500,00 € einschließlich Zinsen zurück?

6. Wie viel Euro beträgt das Guthaben eines Bankkunden einschließlich 9 % Zinsen am 30. Juni?

Einzahlungen	Datum	Einzahlungen	Datum
4.600,00 €	14. Febr.	5.417,10 €	28. Mai
460,00 €	29. März.	2.110,70 €	15. Juni
9.215,80 €	12. April		

510778

7. Die Bank gewährte uns ab 17. April einen Kredit zu 9 %. Am 2. Aug. zahlten wir einschließlich Zinsen 11.801,88 € zurück. Wie hoch waren der Kredit und die Zinsen?

8. Welcher Zinssatz liegt einem Darlehen über 6.200,00 € zugrunde, das ein Großhändler vom 16. Jan. bis 18. Juli beanspruchte, wenn die Rückzahlung einschließlich Zinsen 6.466,43 € ausmachte?

9. Ein Bauherr erhielt eine Rechnung über 13.000,00 €, Zahlungsziel 30 Tage nach Rechnungsdatum. Wann wurde die Rechnung ausgestellt, wenn ihm am 27. Sept. 12 % Verzugszinsen = 667,33 € belastet wurden?

10. Unser Lieferer sandte uns folgende Rechnung:

Warenwert	6.000,00 €
19 % USt	1.140,00 €
Rechnungsbetrag . . .	7.140,00 €

Zahlungsbedingungen: Zahlbar innerhalb 8 Tagen abzüglich 2 % Skonto oder innerhalb 30 Tagen rein netto.

a) Welcher Effektivverzinsung entspricht der Skontoabzug?

b) Ist die Aufnahme eines mit 14 % zu verzinsenden Kredites sinnvoll, wenn dadurch der Skontoabzug geltend gemacht werden kann?

11. Zahlungsbedingungen unseres Lieferers: Bei Zahlung innerhalb 8 Tagen unter Abzug von 2 % Skonto oder 60 Tage Ziel.

Eine Kreditaufnahme bei unserer Bank wäre zu einem Zinssatz von 12 % möglich.

a) Vergleichen Sie den Bankzinssatz mit dem Zinssatz, der bei Skontoabzug erzielt wird.

b) Wie viel Euro beträgt der Vorteil, wenn der Skontoabzug mit Bankfinanzierung ausgenutzt wird? (Rechnungsbetrag 12.000,00 €)

12. Eine Kreditauszahlung betrug nach Abzug von 12 % Zinsen am 1. Febr. 5.921,00 €. Die Rückzahlung erfolgte am 16. Juni. Wie hoch waren der Kredit und die Zinsen?

13. Unser Kunde Manfred Töllemann erhielt von uns am 16. Febr. eine Rechnung über 6.450,00 € und am 21. März eine Rechnung über 2.180,00 €. Die Zahlungsbedingungen lauteten: Zahlbar innerhalb 10 Tagen unter Abzug von 3 % Skonto oder 30 Tage Ziel.

Am 26. Mai schickten wir Töllemann die 3. Mahnung und belasteten ihn mit einem Gesamtbetrag von 8.747,29 € einschließlich Zinsen. Welchen Zinssatz legten wir zugrunde?

9 Die Diskontrechnung

9.1 Das Diskontieren eines Wechsels

Herr Schnobel, Inhaber einer Möbelgroßhandlung, unterhält sich am 5. Febr. 20.. mit Herrn Wälde, Inhaber der Möbelfabrik Wälde & Co.:

Wälde: „Sie können hier unterschreiben. Der Gesamtpreis für Ihren Einkauf beläuft sich – wie abgesprochen – auf 30.000,00 €. Zahlungsziel: Vier Wochen. Die Möbel liefern wir Ihnen noch heute."

Schnobel: „Wären Sie auch einverstanden mit einem Zahlungsziel von drei Monaten? Wir sind liquiditätsmäßig im Augenblick stark belastet."

Wälde: „Uns geht es ebenso. Unser Kontokorrentkonto weist durch säumige Kunden einen Sollbetrag von 20.000,00 € aus. Ich mache Ihnen einen Gegenvorschlag: Behelfen wir uns doch mit einem **Wechsel**. Dann schlagen wir zwei Fliegen mit einer Klappe."

Schnobel: „Gut, Sie können den Wechsel gleich ausstellen. Ich werde ihn akzeptieren."

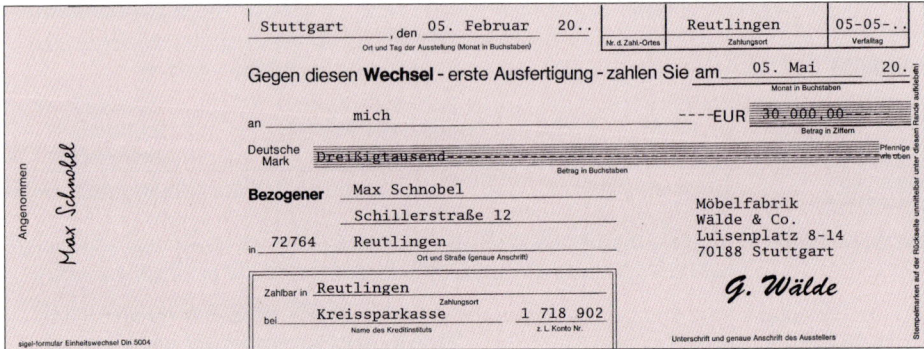

Schnobel (übergibt den akzeptierten Wechsel): „Hiermit können Sie noch heute Ihr negatives Bankkonto auffüllen."

Wälde: „Über meine Auslagen schicke ich Ihnen dann in den nächsten Tagen eine Belastungsanzeige. Was trinken wir auf unser Geschäft?"

Warum schlagen Wälde und Schnobel mit dem Wechsel „zwei Fliegen mit einer Klappe"?

Welche Auslagen stellt Herr Wälde in den nächsten Tagen in Rechnung?

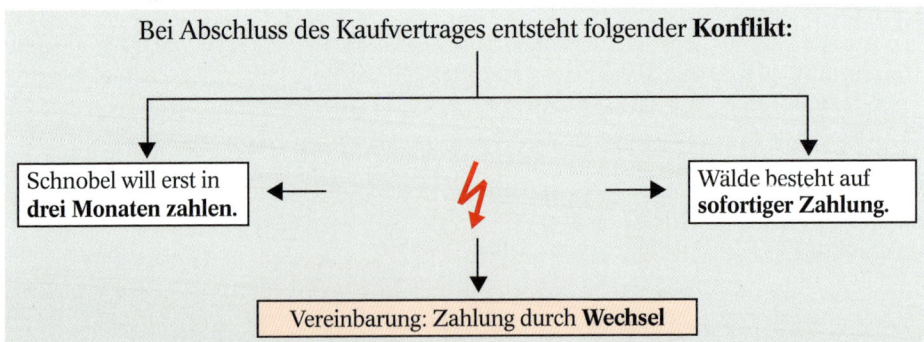

510780

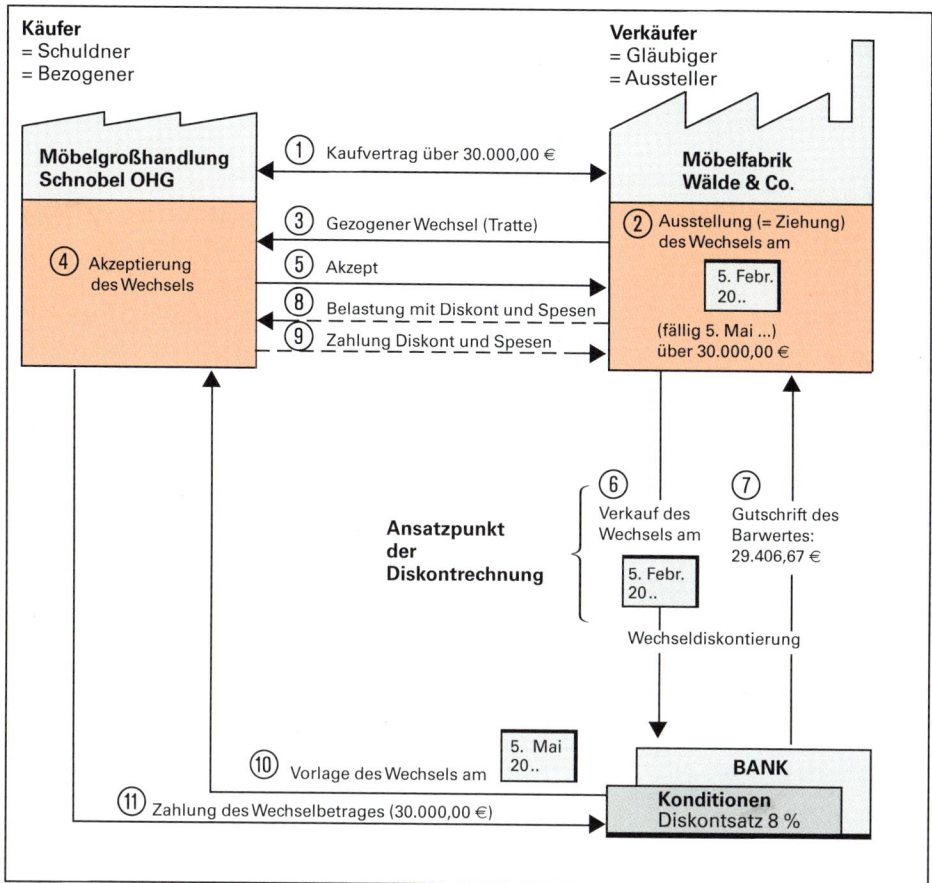

Erläuterungen

⑥ ⑦ Die Möbelfabrik Wälde & Co. benötigt liquide Mittel. Sie verkauft daher am 5. Febr. den Wechsel an die Bank. Letztere erhält den Wechselbetrag von 30.000,00 € jedoch erst am 5. Mai (= Verfalltag), wenn sie den Wechsel beim Bezogenen vorlegt (vgl. ⑩ ⑪). Vom 5. Febr. (Tag der Diskontierung) bis 5. Mai (Verfalltag) gewährt sie Kredit und beansprucht für diese Zeit Zinsen (= Diskont) in Höhe von 593,33 €, die sie bereits am Tag der Diskontierung einzieht. Firma Wälde erhält als Gegenwert für den Wechsel lediglich 29.406,67 € (= sog. Barwert), also 593,33 € weniger als die Wechselsumme.

Merke	Der Diskont ist ein Zins, der im Voraus abgezogen wird. Diskontieren heißt: Zinsen im Voraus einbehalten.

Die Diskontrechnung ist eine Anwendung der Zinsrechnung. Es tauchen daher dieselben Größen auf:

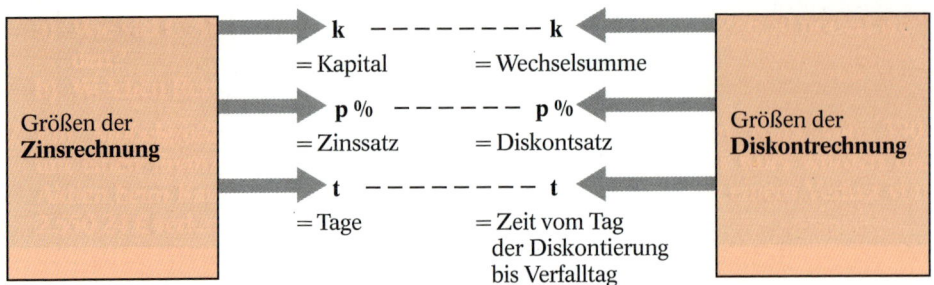

Größen der **Zinsrechnung**

k ------- k
= Kapital   = Wechselsumme

p % ------ p %
= Zinssatz   = Diskontsatz

t ------- t
= Tage   = Zeit vom Tag
             der Diskontierung
             bis Verfalltag

Größen der **Diskontrechnung**

Merke Im Unterschied zur Zinsrechnung wird bei der Diskontrechnung inzwischen die Euro-Zinsmethode angewendet: Die Zinsen werden **taggenau** berechnet, die Monate also exakt mit 28, 29, 30 oder 31 Tagen angesetzt.

Beispiele: 15. Febr. – 15. März = 28 Tage (Zinsrechnung: 30 Tage)
25. März – 10. April = 16 Tage (Zinsrechnung: 15 Tage)
20. Jan. – 31. Jan. = 11 Tage (Zinsrechnung: 10 Tage)

Bei den Zinsformeln wird das Jahr weiterhin mit 360 Tagen verrechnet.

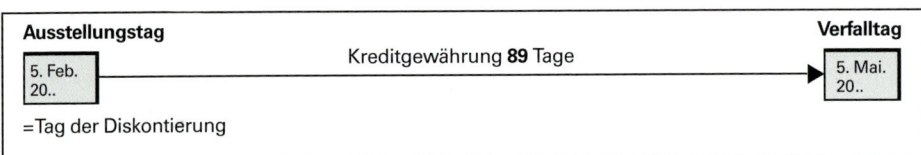

Ausstellungstag

5. Feb. 20..

Kreditgewährung **89** Tage

Verfalltag

5. Mai. 20..

=Tag der Diskontierung

Abrechnung der Bank bei einem Diskontsatz von 8 %:

Wechselsumme, fällig 5. Mai 30.000,00

– Diskont (89 Tage/8 %)

$$= \frac{k \cdot p \cdot t}{100 \cdot 360} = \frac{30.000,00 \cdot 8 \cdot 89}{100 \cdot 360} = \ldots\ldots\ldots\ldots\ldots\ldots \quad 593,33$$

= Barwert (Gutschrift der Bank) am 5. Febr. 29.406,67

Firma Wälde & Co. stellt den ihr von der Bank abgezogenen Diskont der Möbelgroßhandlung in Rechnung (vgl. Seite 81 ⑧ ⑨) und erhält somit insgesamt:

von der Bank 29.406,67
von der Möbelgroßhandlung 593,33

Forderung lt. Kaufvertrag 30.000,00

Hätte Firma Wälde & Co. den Wechsel später an die Bank verkauft, wäre die Kreditlaufzeit (Restlaufzeit) kürzer und der Diskontabzug somit geringer ausgefallen. Die Bank hätte einen größeren Betrag (Barwert) ausgezahlt.

Merke **Der Barwert steigt mit sinkender Restlaufzeit des Wechsels.**

510782

Wandeln wir unser Beispiel leicht ab.

<table>
<tr><td colspan="2">**Beispiel mit Lösung**</td><td colspan="2">*Lösung*</td></tr>
<tr><td>Wechselsumme:</td><td>30.000,00</td><td colspan="2">Abrechnung der Bank:</td></tr>
<tr><td>Diskontsatz:</td><td>8 %</td><td colspan="2">Wechselsumme, fällig 5. Mai . . . . 30.000,00</td></tr>
<tr><td>Ausstellungstag:</td><td>5. Febr.</td><td>−</td><td>Diskont (**60** Tage/8 %) . . . . 400,00</td></tr>
<tr><td>Diskontierungstag:</td><td>6. März</td><td>=</td><td>Barwert am 6. März . . . . 29.600,00</td></tr>
<tr><td>Verfalltag:</td><td>5. Mai</td><td></td><td></td></tr>
</table>

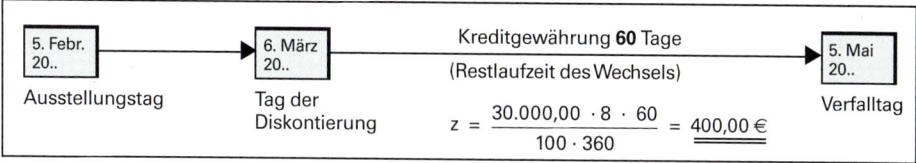

$$z = \frac{30.000,00 \cdot 8 \cdot 60}{100 \cdot 360} = 400,00\ \text{€}$$

Manche Banken berechnen einen

> **Mindestdiskont von 2,00 € oder mehr je Wechsel.**

Vergleiche dazu folgendes Beispiel mit Lösung.

<table>
<tr><td colspan="2">**Beispiel mit Lösung**</td><td colspan="2">*Lösung*</td></tr>
<tr><td>Wechselsumme:</td><td>400,00 €</td><td colspan="2">Abrechnung der Bank:</td></tr>
<tr><td>Diskontsatz:</td><td>8 %</td><td colspan="2">Wechselsumme, fällig 24. Juni . . . .   400,00 €</td></tr>
<tr><td>Diskontierungstag:</td><td>12. Juni</td><td>−</td><td>Diskont (12 Tage/8 %) = 1,07 . . . .   2,00 €</td></tr>
<tr><td>Verfalltag:</td><td>24. Juni</td><td></td><td>Barwert am 24. Juni . . . .   398,00 €</td></tr>
<tr><td>Mindestdiskont:</td><td>2,00 €</td><td></td><td></td></tr>
</table>

Weitere Bedingungen der Banken bei der Diskontierung:

Unterschiedlich behandeln die einzelnen Banken die **Inkassoprovision (Domizil-provision),** die für den Wechseleinzug berechnet wird. Sie beträgt i. d. R. 1 ‰ der Wechselsumme (mindestens 2,00 € bis 6,00 € je Wechsel). Üblicherweise erfolgt die Belastung erst nach Einzug der Wechselsumme.

Weitere **Gebühren** werden belastet, wenn die Bank zusätzliche Barauslagen hatte.

Merke	Wechselsumme
	− **Diskont**
	− **evtl. Gebühren**
	= **Gutschrift der Bank**

Sollte der Verfalltag ein Samstag, Sonntag oder gesetzlicher Feiertag sein, ist der Wechsel am darauf folgenden Werktag fällig.

Übungen

1. Die Volksbank in Dösenbüttel diskontiert am 11. Okt. folgende Wechsel (Mindestdiskont je Wechsel 2,00 €):

	Wechselsumme	Diskontsatz	Verfalltag
a)	18.600,00	5 %	12. Nov.
b)	7.450,00	6 %	31. Okt.
c)	25.600,00	7 %	31. Dez.
d)	600,00	9 %	20. Okt.
e)	16.250,00	8 %	21. Nov.

Wie lauten die Diskontabrechnungen der Bank?

2. Bei der Sparkasse in Ochsenhausen sind am 4. Sept. von verschiedenen Firmen folgende Wechsel zum Diskont eingereicht worden:

	Wechsel-summe	Diskontsatz	Aus-stellungstag	Verfalltag
a)	12.200,00	8,5 %	27. Aug.	27. Okt.
b)	550,00	11 %	8. Juni	12. Sept.
c)	800,00	11 %	15. Juni	15. Sept.
d)	7.400,00	8 %	1. Juli	30. Nov.
e)	7.350,00	9 %	10. Juli	10. Okt.
f)	35.400,00	10 %	3. Sept.	3. Dez.

Die Bank berechnet einen Mindestdiskont von 5,00 €. Erstellen Sie die Diskontabrechnungen.

3. Unser Kunde Fritz Fuchs möchte seine Schulden in Höhe von 18.870,80 €, fällig am 1. April, begleichen. Wir erhalten am 1. April einen Wechsel über 19.000,00 €, fällig am 27. Juni. Im Begleitschreiben bemerkt Fuchs großmütig: „Aufgrund unserer langjährigen Zusammenarbeit haben wir den Rechnungsbetrag zu Ihren Gunsten aufgerundet. Damit sind unsere Schulden restlos beglichen."

Unser Leiter des Rechnungswesens ärgert sich über diesen albernen Aprilscherz. Er gibt den Wechsel am 1. April zum Diskont an die Bank.

a) Wie lautet die Gutschrift der Bank, wenn 8 % Diskont berechnet werden?

b) Wie hoch ist der „Aprilscherzbetrag" (die Restschuld) unseres Kunden Fuchs, wenn wir ihm den Diskont in Rechnung stellen?

4. Ein Kunde sendet zum Ausgleich unserer am 30. Mai fälligen Rechnung über 12.150,00 € einen Wechsel in Höhe von 7.000,00 €, fällig am 28. Juni. Wir reichen den Wechsel zum Diskont bei der Bank ein.

a) Erstellen Sie die Abrechnung der Bank (Diskontsatz 5 %).

b) Wie hoch ist die Restschuld des Kunden am 30. Mai, wenn wir ihn mit Diskont belasten?

510784

5. Studienrat Stoltenbeck ist arbeitsmäßig überlastet. Helfen Sie ihm bei der Korrektur einer Klassenarbeit, in der ein Schüler folgende Lösung anbietet. (Ausstellungstag 12. Dez., Verfalltag 12. März, Tag der Einreichung 30. Jan.)

       Wechselsumme, fällig 12. März . . . . 5.250,00 €
     – Diskont (42 Tage/10 %) . . . .   61,25 €
                                               5.188,75 €

Welcher Denkfehler unterlief dem Schüler?

6. Welchen Diskontsatz berechnete die Bank?

       Wechselsumme, fällig 15. März . . . . 4.170,00 €
     – Diskont . . . .   75,93 €
       Barwert 19. Jan. . . . . 4.094,07 €

7. Wann ist folgender Wechsel fällig?

       Wechselsumme . . . . 5.800,00 €
     – Diskont 11 % . . . .   97,47 €
       Barwert 17. Okt. . . . . 5.702,53 €

8. Wann ist folgender Wechsel fällig?

    Barwert 15. April: 12.010,90 €
    Diskontsatz: 9 %
    Diskont: 189,10 €

9. Wann wurde folgender Wechsel diskontiert?

    Barwert: 13.809,44 €
    Diskontsatz: 7 %
    Diskont: 190,56 €
    Verfalltag: 17. Febr.

10. Wieviel Euro betragen die Wechselsumme und der Diskont?

    a) Verfalltag: 20. Juli
       Barwert 14. Juni: 8.399,30 €
       Diskontsatz: 6 %
    b) Verfalltag: 14. Dez.
       Barwert 29. Okt.: 25.146,00 €
       Diskontsatz: 8 %

9.2 Das Diskontieren mehrerer Wechsel

Bei der Diskontierung mehrerer Wechsel wird die summarische Zinsrechnung angewendet.

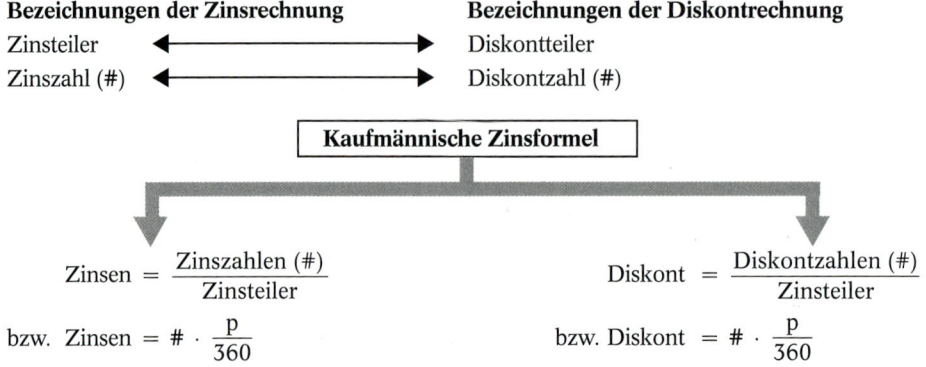

Bezeichnungen der Zinsrechnung

Zinsteiler ⟷ Diskontteiler

Zinszahl (#) ⟷ Diskontzahl (#)

Bezeichnungen der Diskontrechnung

Kaufmännische Zinsformel

$$\text{Zinsen} = \frac{\text{Zinszahlen (\#)}}{\text{Zinsteiler}}$$

$$\text{Diskont} = \frac{\text{Diskontzahlen (\#)}}{\text{Zinsteiler}}$$

bzw. $\text{Zinsen} = \# \cdot \dfrac{p}{360}$

bzw. $\text{Diskont} = \# \cdot \dfrac{p}{360}$

Beispiel mit Lösung

Aufgabe

Die Möbelfabrik Wälde & Co. übergibt am 25. Febr. folgende Wechsel an die Bank zum Diskont:

30.000,00 €, fällig	5.	Mai
6.000,00 €, fällig	10.	April
300,00 €, fällig	3.	März

Die Bank berechnet 8 % Diskont (Mindestdiskont je Wechsel 2,00 €). Welchen Betrag überweist sie der Firma Wälde & Co.?

Lösung

(1) Stellen Sie das Abrechnungsschema auf und ermitteln Sie die Tage (Restlaufzeiten).

(2) Für jeden Wechsel verlangt die Bank einen Mindestdiskont von 2,00 €, der bereits bei der Ermittlung der Diskontzahlen zu berücksichtigen ist:

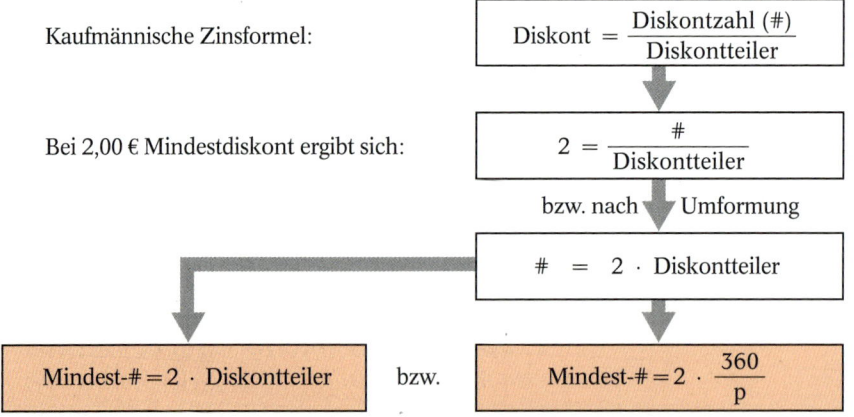

Kaufmännische Zinsformel:

$$\text{Diskont} = \frac{\text{Diskontzahl (\#)}}{\text{Diskontteiler}}$$

Bei 2,00 € Mindestdiskont ergibt sich:

$$2 = \frac{\#}{\text{Diskontteiler}}$$

bzw. nach Umformung

$$\# = 2 \cdot \text{Diskontteiler}$$

$$\text{Mindest-\#} = 2 \cdot \text{Diskontteiler}$$

bzw.

$$\text{Mindest-\#} = 2 \cdot \frac{360}{p}$$

510786

$$\text{Diskontteiler} = \frac{360}{p} = \frac{360}{8} = 45$$

→ Mindest-# = 2 · 45 = 90

Mindestdiskontzahl = 90

Wechselbetrag	Verfall	Tage	Diskontzahlen #
30.000,00 €	5. Mai	69	20700
6.000,00 €	10. April	44	2640
300,00 €	3. März	6	(18) **90**
36.300,00 €			23430
− 520,67 €			
35.779,33 €			

Diskont
Gutschrift
am 25. Febr.

③ Ermitteln Sie die Diskontzahlen unter Berücksichtigung der Mindestdiskontzahl.

④ **Ermittlung des Diskonts:**

$$\text{Diskont} = \frac{\#}{\text{Diskontteiler}} = \frac{23\,430}{45} = 520,67 \text{ €}$$

bzw. $\text{Diskont} = \# \cdot \dfrac{p}{360} = 23\,430 \cdot \dfrac{8}{360} = 520,67 \text{ €}$

Merke	Die Mindestdiskontzahl (im Beispiel 90) ist dann einzusetzen, wenn die ermittelte Diskontzahl (im Beispiel 18) niedriger ist. **Mindestdiskontzahl = 2 · Diskontteiler (bei 2,00 € Mindestdiskont)** **Mindestdiskontzahl = 3 · Diskontteiler (bei 3,00 € Mindestdiskont) usw.**

Übungen

1. Eine Unternehmung benötigt dringend liquide Mittel. Der Leiter des Rechnungswesens reicht daher am 17. Aug. sämtliche vorliegenden Wechsel zum Diskont bei der Bank ein:

   1.700,00 €, fällig 28. Aug.   11.350,00 €, fällig 31. Aug.
   830,00 €, fällig 29. Aug.   7.180,00 €, fällig 15. Nov.

   Wie lautet die Abrechnung der Bank bei einem Diskontsatz von 6 % (Mindestdiskont 2,00 € je Wechsel)?

2. Eine Großhandlung diskontiert am 17. April bei der Kreissparkasse folgende Wechsel:

   1.200,00 €, fällig 26. April   2.485,00 €, fällig 15. Juli
   1.860,00 €, fällig 28. Mai (Samstag)   3.917,00 €, fällig   17. Juli
   4.711,00 €, fällig   1. Juni

   Wie lautet die Abrechnung der Bank? Diskontsatz 8 %, Gebühren 10,50 €, Mindestdiskont 3,00 € je Wechsel.

3. Die Strumpffabrik Sockert & Co. reicht bei der Commerzbank AG fünf Wechsel zum Diskont ein:

   Nr. 1: 14.200,00 €, fällig   5. Sept.   Nr. 4: 10.360,00 €, fällig 28. Okt.
   Nr. 2:   180,00 €, fällig   6. Sept.   Nr. 5:   4.120,00 €, fällig 30. Nov.
   Nr. 3: 9.420,00 €, fällig   9. Okt. (Feiertag)

   Diskontsatz für Wechsel bis 5.000,00 € 8 %, für Wechsel über 5.000,00 € 7,5 %. Mindestdiskont 5,00 €. Wie lautet die Abrechnung der Bank am 31. Aug.?

4. Die Papierfabrik Papi GmbH schuldet einem Lieferer 10.000,00 €, fällig am 25. Nov. Zum Ausgleich der Rechnung schickt sie drei Wechsel über

     1.050,00 €, fällig 12. Dez.

     6.720,00 €, fällig 27. Dez.

     1.435,50 €, fällig 12. Jan.

sowie einen Verrechnungsscheck über den Restbetrag.

Auf welchen Betrag muss der Verrechnungsscheck lauten, wenn die Wechsel mit 6 % diskontiert werden (Mindestdiskont 2,00 €) und die Bank 8,70 € Spesen berechnet?

5. Bedingungen einer Bank bei der Diskontierung von Wechseln:

bei a)   Diskontsatz für die Wechsel 1, 3, 4 und 6:   6 %

          Diskontsatz für die Wechsel 2 und 5:   8 %

          Mindestdiskont je Wechsel 5,00 €

bei b)   Diskontsatz für die Wechsel 1 und 2:   8 %

          Diskontsatz für die restlichen Wechsel: 6 %

a) Diskontieren Sie folgende Wechsel, die die Firma Sulz & Grabmüller am 17. April bei der Bank einreicht:

Wechselsumme	Verfalltag
4.280,00 €	23. April
175,00 €	25. April
1.740,00 €	13. Mai
11.300,00 €	21. April
2.715,00 €	16. Juni
890,00 €	15. Juli

b) Diskontieren Sie folgende Wechsel, die die Firma Georg Stumpf am 27. Dez. bei der Bank einreicht:

Wechselsumme	Verfalltag
210,00 €	10. Jan.
1.260,00 €	17. Jan.
1.005,00 €	13. Febr.
9.378,00 €	28. Febr.
339,00 €	10. März
4.145,00 €	21. März

6. Firma Gimpel & Co. schuldet uns seit 15. Aug. 48.500,00 €. Gemäß unseren Allgemeinen Geschäftsbedingungen berechnen wir 11 % Verzugszinsen. Am 11. Nov. erhalten wir die Rückzahlung des säumigen Betrages einschließlich Zinsen durch vier Wechsel und einen Verrechnungsscheck.

510788

Die Wechsel lauten über:

      8.000,00 €, fällig 10. Dez.
      4.550,00 €, fällig 13. Dez. (Samstag)
   11.700,00 €, fällig 17. Dez.
      3.600,00 €, fällig 30. Dez.

Wir diskontieren die Wechsel am 11. Nov. zu 6 % Diskont. Über welchen Betrag lautet der Verrechnungsscheck?

7. Zum Ausgleich einer Forderung in Höhe von 39.625,80 €, fällig am 14. Dez., gehen bei uns fünf Wechsel ein:

      275,00 €, fällig 22. Dez.
  15.200,00 €, fällig 28. Dez.
   4.278,00 €, fällig 7. Jan.
   5.006,00 €, fällig 17. Jan.
     705,00 €, fällig 27. März.

Die Bank diskontiert zu folgenden Bedingungen:

Wechsel unter   1.000,00 € 9 % Diskont
Wechsel über   1.000,00 € 8 % Diskont
Wechsel über   5.000,00 € 7,5 % Diskont
Mindestdiskont   5,00 €

a) Ermitteln Sie den Barwert der Wechsel am 14. Dez.

b) Unser Kunde kann die Restschuld erst am 28. Dez. begleichen. Wir berechnen bei Zielüberschreitungen 1 % Verzugszinsen je Monat.

Ermitteln Sie die Restschuld einschließlich Verzugszinsen am 28. Dez.

8. Die Süddeutsche Maschinenfabrik AG sendet uns zum teilweisen Ausgleich unserer Forderung über 23.300,00 €, fällig 10. Jan., folgende Wechsel:

Nr. 1: 5.080,00 €, fällig 19. Jan. (Sonntag)
Nr. 2:   305,00 €, fällig 20. Jan.
Nr. 3: 3.040,00 €, fällig 31. Jan.
Nr. 4: 7.250,00 €, fällig 28. Febr.

Wir reichen die Wechsel am 10. Jan. zum Diskont bei unserer Hausbank ein.

Bedingungen der Bank:

Diskontsatz für die Wechsel Nr. 1 und 3 5 %, für die restlichen Wechsel 7 %. Mindestdiskont je Wechsel 2,00 €.

a) Wie hoch ist der Barwert?

b) Wie hoch ist unsere Restforderung am 15. Febr. einschließlich 11 % Zinsen?

9. Firma Gumpholzner & Söhne schuldet uns aufgrund unserer Rechnung vom 27. März 21.500,00 €. Unsere Zahlungsbedingungen lauteten: Zwei Monate Ziel oder innerhalb 14 Tagen unter Abzug von 2 % Skonto.
Am 10. April erhalten wir folgende Wechsel:

  2.100,00 €, fällig 19. Mai   1.200,00 €, fällig 4. Juni
  4.700,00 €, fällig 28. Mai   9.400,00 €, fällig 8. Juli

Welchen Restbetrag muss Firma Gumpholzner & Söhne überweisen, wenn unsere Bank Wechsel bis 1.000,00 € mit 9 %, Wechsel über 1.000,00 € bis 4.000,00 € mit 8 % und Wechsel über 4.000,00 € mit 7 % diskontiert?

10 Die Terminrechnung

10.1 Die Berechnung des mittleren Verfalltages

Hans Gruber kauft am 15. Mai einen Großbild-Farbfernseher mit Videogerät und Videokamera zum Gesamtpreis von 5.000,00 €. Mit dem Verkäufer vereinbart er eine Zahlung in vier gleichen Raten am 20. Juni., 30. Juli, 30. Aug. und 15. Sept.

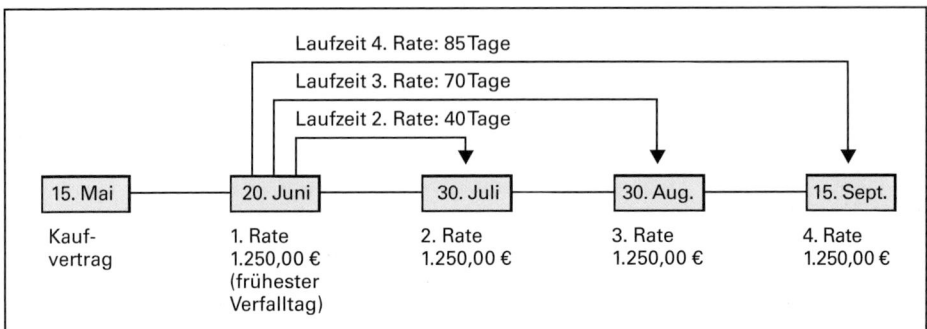

Am 19. Juni erhält Hans Gruber die Überweisung eines größeren Betrages von seiner Erbtante. Er entschließt sich daher den Kaufpreis in einer Summe zu bezahlen. Allerdings ist er sich unsicher, **wann** er dem Verkäufer den **Gesamtbetrag** übergeben soll. Er überlegt sich, welche Vor- oder Nachteile sich im Vergleich zur Ratenzahlung ergeben:

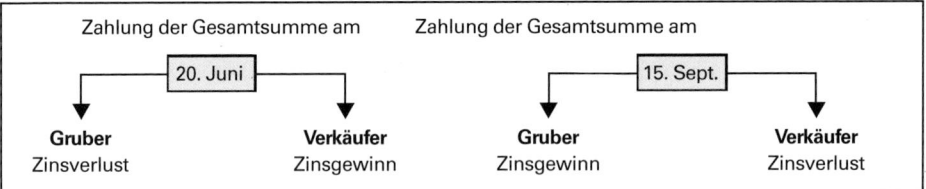

Gesucht: Der Tag (Termin), an dem die Gesamtsumme (5.000,00 €) auf einmal bezahlt werden kann, ohne dass der Schuldner (Hans Gruber) oder der Gläubiger (Verkäufer) einen Vorteil (Zinsgewinn) oder Nachteil (Zinsverlust) hat. Dieser Termin wird als **mittlerer Verfalltag** bezeichnet.

Lösung

1. Stellen Sie das Lösungsschema auf. Ermitteln Sie die Tage vom frühesten Verfalltag (20. Juni) bis zu den jeweiligen späteren Terminen (vgl. vorangehende Skizze).

2. Ermitteln Sie die Zinszahlen.

3. Herr Gruber will erreichen, dass die Zahlung des Gesamtbetrages an **einem** Termin (mittlerer Verfalltag) im Vergleich zur Ratenzahlung keine Vor- oder Nachteile erbringt.

510790

Somit kann folgende Gleichung aufgestellt werden:

Beträge	Verfall	Tage	Zinszahlen #
1.250,00 €	20. Juni	0	0
1.250,00 €	30. Juli	40	500
1.250,00 €	30. Aug.	70	875
1.250,00 €	15. Sept.	85	1 063
5.000,00 €			2 438

der Einzelbeträge
(Zahlung in vier Raten)
=
des Gesamtbetrages
(Zahlung auf einmal)

Die 5.000,00 € sollen nach x Tagen auf einmal bezahlt werden ohne Zinsvor- bzw. Zinsnachteil.

Hans Gruber notiert sich den Sachverhalt noch einmal ausführlich:

der Einzelbeträge = des # Gesamtbetrages

$$\frac{1.250,00 \cdot 0}{100} + \frac{1.250,00 \cdot 40}{100} + \frac{1.250,00 \cdot 70}{100} + \frac{1.250,00 \cdot 85}{100} = \frac{5.000,00 \cdot x}{100}$$

$$0 + 500 + 875 + 1\,063 = \frac{5.000,00 \cdot x}{100}$$

#

$$2438 = \frac{5.000,00 \cdot x}{100} \quad bzw. \quad x = \frac{2\,438 \cdot 100}{5.000,00} = 48,76$$

$$= \text{rund } \underline{49 \text{ Tage}}$$

k (mittlere Verfallzeit)

(Rundungsregel: Das Ergebnis der Tageberechnung ist stets aufzurunden.)

$$\text{Mittlere Verfallzeit} = \frac{\# \cdot 100}{k} \qquad bzw. = \frac{\#}{\frac{k}{100}}$$

$$\text{Mittlerer Verfalltag} = \text{Ausgangstag} + \text{mittlere Verfallzeit}$$

$$= 20. \text{ Juni} + 49 \text{ Tage} = \underline{9. \text{ Aug.}}$$

Ergebnis: Wenn Gruber am 9. Aug. die 5.000,00 € auf einmal bezahlt, hat weder er noch der Verkäufer einen Zinsvor- bzw. Zinsnachteil.

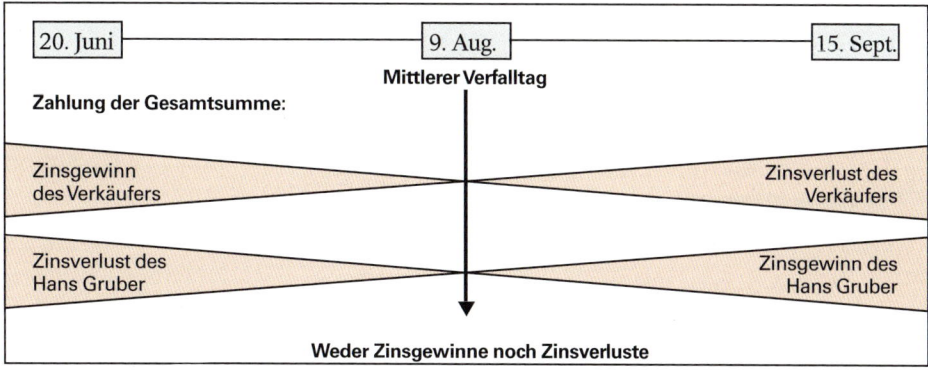

Anmerkung: Vereinfachungsmöglichkeit bei **gleich großen Raten,** vgl. S. 102.

Beispiel mit Lösung

Aufgabe

Die Möbelfabrik Wälde & Co. reicht am 10. März bei ihrer Bank folgende Wechsel zur Gutschrift am mittleren Verfalltag ein:

    20.000,00 €, fällig 11. April
     6.000,00 €, fällig 20. April
     4.300,00 €, fällig 3. Juni

Ermitteln Sie den mittleren Verfalltag.

Lösung

Beträge	Verfall	Tage	#
20.000,00 €	11. April	0	0
6.000,00 €	20. April	9	540
4.300,00 €	3. Juni	52	2 236
30.300,00 €			2 776

$$\text{Mittlere Verfallzeit} = \frac{\#}{\dfrac{k}{100}}$$

$$= \frac{2\,776}{303} = 9{,}16$$

$$= \text{rd. } \underline{10 \text{ Tage}}$$

$$\text{Mittlerer Verfalltag} = 11.\text{ April} + 10 \text{ Tage}$$

$$= \underline{21.\text{ April}}$$

Übungen

1. Ein neu errichtetes Squashcenter schuldet einer Installationsfirma:

    3.625,00 €, fällig 12. Dez. altes Jahr
    9.712,00 €, fällig 5. Jan. neues Jahr
    2.800,00 €, fällig 25. Jan. neues Jahr
    1.718,00 €, fällig 5. Febr. neues Jahr

Wann ist die Überweisung vorzunehmen, wenn keiner der beiden Geschäftspartner Zinsverluste hinnehmen möchte?

510792

2. Eine Unternehmung muss an die Kreissparkasse in Karlsruhe folgende Kreditrückzahlungen leisten:

      7.200,00 €, fällig 30. April

    12.650,00 €, fällig 15. Juni

     8.400,00 €, fällig 23. Juni

   34.000,00 €, fällig 15. Juli

Die Sparkasse ist damit einverstanden, dass das Unternehmen die Gesamtschuld auf einmal begleicht. Ermitteln Sie den Termin, an dem die Gesamttilgung ohne Zinsverluste für beide Teile erfolgen kann.

3. Die Eisengroßhandlung Eusebius Schlütel & Co. reicht bei ihrer Bank folgende Wechsel zur Gutschrift am mittleren Verfalltag ein:

   a) 2.815,00 €, fällig   5. Juni   b) 4.540,00 €, fällig 29. Aug.

       3.705,00 €, fällig 12. Febr.   980,00 €, fällig   4. Sept.

         745,00 €, fällig   1. März.   2.175,00 €, fällig 23. Okt.

       5.120,00 €, fällig 31. März.   5.440,00 €, fällig 29. Okt.

Ermitteln Sie den mittleren Verfalltag.

4. Der Ringersportverein Düsseldorf e. V. ließ ein neues Vereinsheim erstellen. Gegenüber der Bauunternehmung sind noch folgende Rechnungen zu begleichen:

    12.000,00 €, fällig 21. August

     4.700,00 €, fällig   5. September

    11.200,00 €, fällig 15. September

     2.700,00 €, fällig 28. Oktober

a) Wann muss der Gesamtbetrag ohne Zinsvorteile oder -nachteile überwiesen werden?

b) Der Ringersportverein überweist am 15. Oktober einschließlich Verzugszinsen 30.883,05 €. Welcher Zinssatz wurde von der Bauunternehmung angesetzt?

5. Ein Kunde schuldet uns aus mehreren Warenlieferungen:

    5.280,00 €, fällig 29. April

    4.190,00 €, fällig 15. Mai

    3.840,00 €, fällig 21. Juni

    5.910,00 €, fällig   3. Juli

a) Wann muss der Kunde den Gesamtbetrag ohne Zinsvorteile oder -nachteile zahlen?

b) Der Kunde zahlt den Gesamtbetrag am 29. Juni. Wie lautet die Belastungsanzeige, wenn wir ihm 10 % Verzugszinsen in Rechnung stellen?

c) Der Kunde möchte den Gesamtbetrag bereits am 5. Mai zahlen. Wir sind damit einverstanden, dass er 8 % Zinsen zu seinen Gunsten verrechnet. Wie lautet der Überweisungsbetrag am 5. Mai?

6. Der Fußballclub FC Dösenbüttel kaufte am 14. Febr. einen Kleinbus für 35.200,00 €. Mit dem Lieferer wurden folgende Zahlungsbedingungen vereinbart:

    12.000,00 €, fällig 20. März

     7.500,00 €, fällig 28. März

    Restbetrag, fällig 17. Mai

a) Wann müsste der FC Dösenbüttel die Gesamtschuld in einem Betrag (ohne Zinsvor- bzw. -nachteil) bezahlen?

b) Aufgrund hoher Einnahmen anlässlich des Schlagerspiels FC Dösenbüttel gegen FC Bayern München (3. Mannschaft) in Dösenbüttel ist der Verein in der Lage, den Gesamtbetrag noch vor dem mittleren Verfalltag zu begleichen. Wann ist der Verrechnungsscheck über einen Betrag von 35.000,00 € dem Lieferer zuzustellen, wenn der Fußballclub 9 % Zinsen zu seinen Gunsten verrechnet?

7.
a)		b)	
Gesamtschuld	12.330,00 €	Gesamtschuld	14.105,00 €
Mittlerer Verfalltag .	13. Aug.	Tatsächliche Zahlung	
Tatsächliche Zahlung		der Gesamtschuld	
der Gesamtschuld		am	14. Okt.
am	27. Sept.	Überweisungsbetrag.	14.289,74 €
Überweisungsbetrag	12.473,17 €	Zinssatz	11,5 %
Zinssatz	?	Mittlerer Verfalltag .	?

10.2   Die Berechnung des Restzahlungstermins

Beispiel mit Lösung

Aufgabe

Herrn Finkenheimers sehnlichster Wunsch scheint in Erfüllung zu gehen: Eine Bauunternehmung errichtet gerade in seinem Auftrag den Rohbau seines geplanten Einfamilienhauses.

Herr Finkenheimer schuldete der Bauunternehmung bisher folgende Beträge **(Soll-Zahlungen)**:

Herr Finkenheimer zahlte tatsächlich **(Ist-Zahlungen)**

45.000,00 €, fällig 15. Mai		41.000,00 € am 5. Mai	
31.000,00 €, fällig 16. Juli		16.000,00 € am 13. Juni	
76.000,00 €		57.000,00 €	

Wann muss er die Restschuld zahlen, wenn weder die Bauunternehmung noch er einen Nachteil haben soll?

Lösung

1. Lösungsschritt

Ermitteln Sie die Restschuld

	Schulden	76.000,00 €
–	Zahlungen	57.000,00 €
	Restschuld	19.000,00 €

510794

2. Lösungsschritt

Bestimmen Sie den frühesten Termin als Ausgangstag.

Frühester Termin: **5. Mai**

3. Lösungsschritt

Stellen Sie die vereinbarten Zahlungen (Soll) den tatsächlich erfolgten Zahlungen (Ist) gegenüber und ermitteln Sie die Tage vom frühesten Verfalltag (Ausgangstag) bis zu den jeweiligen späteren Terminen.

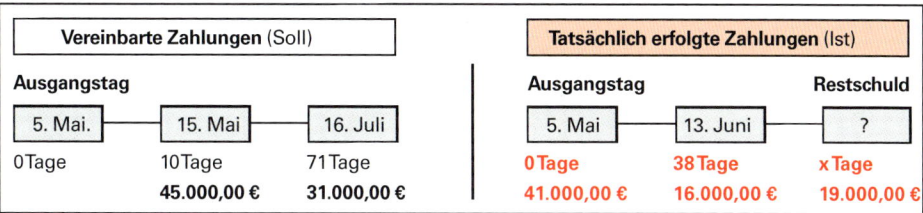

4. Lösungsschritt

Um zu erreichen, dass weder Herr Finkenheimer noch die Bauunternehmung einen Nachteil hat, müssen die Zinszahlen aller Sollzahlungen den Zinszahlen aller Istzahlungen entsprechen. Stellen Sie die Zinszahlengleichung auf.

$$\#:\quad \frac{45.000{,}00 \cdot 10}{100} + \frac{31.000{,}00 \cdot 71}{100} = \frac{41.000{,}00 \cdot 0}{100} + \frac{16.000{,}00 \cdot 38}{100} + \frac{19.000{,}00 \cdot x}{100}$$

$$4\,500 \quad + \quad 22\,010 \quad = \quad 0 \quad + \quad 6\,080 \quad + \quad 190\,x$$

$$x = 107{,}53 = \text{rd. } \underline{108 \text{ Tage}} \text{ mittlere Verfallzeit der Restschuld}$$

5. Lösungsschritt

Ermitteln Sie den Termin, an dem Finkenheimer die Restschuld begleichen muss. (Ausgangstag + mittlere Verfallzeit der Restschuld)

5. Mai. + 108 Tage = <u>23. Aug.</u> Zahlung der Restschuld.

Lösung in Tabellenform

	Beträge in €	fällig	Tage	#
Vereinbarte	45.000,00	15. Mai	10	4 500
Zahlungen	+ 31.000,00	16. Juli	71	22 010
	(76.000,00)			(26 510)
Tatsächliche	− 41.000,00	5. Mai	0	0
Zahlungen	− 16.000,00	13. Juni	38	− 6 080
Restschuld	19.000,00			20 430

$$\text{Mittlere Verfallzeit der Restschuld} = \frac{\#}{\frac{k}{100}} = \frac{20\,430}{190} = 107{,}53 = \text{rd. } \underline{108 \text{ Tage}}$$

Zahlung der Restschuld: 5. Mai + 108 Tage = <u>23. Aug.</u>

Übungen

1. Die Diskothek „Old Castle" wurde von einer Schreinerei teilweise neu eingerichtet.

Die Diskothek schuldete der Schreinerei:	Die Diskothek leistete an Teilzahlungen:
5.170,00 €, fällig 12. Mai	6.000,00 € am 8. Mai.
6.020,00 €, fällig 17. Juni	5.000,00 € am 24. Juni
9.430,00 €, fällig 11. Juli	

Wann muss die Diskothek den Restbetrag überweisen, wenn beide Geschäftspartner keinen Nachteil haben sollen?

2. Wann ist der Restbetrag jeweils zur Zahlung fällig?

Ein Kunde schuldet uns:	Der Kunde zahlte tatsächlich:
a) 1.940,00 €, fällig 17. Juli	1.000,00 € am 19. Juli
1.690,00 €, fällig 22. Aug.	2.000,00 € am 15. Aug.
5.270,00 €, fällig 30. Aug.	2.000,00 € am 20. Sept.
b) 9.250,00 €, fällig 12. Jan.	20.000,00 € am 4. Jan.
3.810,00 €, fällig 20. März	12.000,00 € am 27. März
19.700,00 €, fällig 15. April	2.450,00 € am 31. März
c) 750,00 €, fällig 23. Dez.	800,00 € am 29. Dez.
1.910,00 €, fällig 17. Jan.	1.200,00 € am 5. Jan.

3. Firma Wälde & Co. nimmt zum 25. Mai den neuen Gesellschafter Leonhard Säusel auf. Der Gesellschafter verpflichtet sich vertraglich seine Einlagen folgendermaßen zu leisten: 16.500,00 € zum 1. Juni, 8.000,00 € zum 15. Sept., 5.500,00 € zum 30. Nov.

   Herr Säusel zahlt bei Vertragsbeginn 10.000,00 € und am 30. Juli 12.000,00 €.
   Wann ist die restliche Einlage in einem Betrag zur Zahlung fällig?

4. Das Autohaus Schnorr OHG lieferte uns einen Geschäftswagen im Wert von 22.000,00 €. Im Kaufvertrag wurde folgende Zahlungsweise vereinbart:

1. Zahlung am 1. März über 6.000,00 €	3. Zahlung am 27. März über 4.500,00 €
2. Zahlung am 15. März über 7.000,00 €	4. Zahlung am 27. April über 4.500,00 €

   Da wir knapp an liquiden Mitteln sind, können wir die vereinbarte Zahlungsweise nicht einhalten. Wir bieten stattdessen dem Autohaus drei Wechsel über 5.500,00 €, fällig 14. März, 6.200,00 €, fällig 22. März 4.950,00 €, fällig 2. April an. Die Restschuld wollen wir in einer Summe durch Verrechnungsscheck begleichen. Wann ist die Restschuld zur Zahlung fällig?

5. Das Konto unseres Kunden Dieter Richter, Köln, weist folgende Buchungen auf:

Soll	**Forderungen gegenüber Dieter Richter, Köln**		Haben
Ausgangsrechnungen		**Zahlungen**	
Fällig	**€**	**Eingangsdatum**	**€**
27. Jan.	7.420,00	29. Jan.	4.200,00
28. März	3.835,70	17. März	2.100,00
29. März	1.273,40	19. März	500,00
15. Mai	2.755,90		

   a) Wie hoch ist die Restschuld unseres Kunden Dieter Richter?

   b) Wann ist die Restschuld ohne Zinsverlust für unseren Kunden und für uns zur Zahlung fällig?

6. Die Elektrogroßhandlung Voltner KG buchte auf ihrem Konto „Verbindlichkeiten gegenüber Elec GmbH" folgende Beträge:

Soll		Verbindlichkeiten gegenüber Elec GmbH		Haben
Zahlungen			**Eingangsrechnungen**	
Datum	**€**		**Fällig**	**€**
20. Sept.	12.317,80		17. Sept.	12.317,80
14. Okt.	1.000,00		19. Okt.	2.412,90
25. Okt.	850,00		27. Nov.	5.200,50
7. Nov.	200,00			

a) Ermitteln Sie die Restschuld der Elektrogroßhandlung Voltner KG.

b) Wann ist die Restschuld ohne Nachteile für die Geschäftspartner zur Zahlung fällig?

c) Welchen Betrag musste Firma Voltner KG am 23. Dezember überweisen, wenn die Elec GmbH 11 % Verzugszinsen berechnet?

7. Die Möbelfabrik Wälde & Co. kauft bei der Firma Bürogeräte GmbH

am 16. Jan.   3 Schreibmaschinen zu je   1.100,00 €, Ziel 30 Tage,

am 19. Febr.   2 Rechenmaschinen zu je   850,00 €, Ziel 60 Tage,

am 2. April   1 Kleincomputer   zu   21.100,00 €, Ziel 60 Tage.

Firma Wälde & Co. berechnet am 21. März für die Lieferung von 3 Büroschränken an die Bürogeräte GmbH 4.500,00 €, Ziel 60 Tage. Am 22. März übergibt sie einen Wechsel über 14.200,00 €, fällig am 27. April.

a) Wie hoch ist die Restschuld?

b) Wann ist die Restschuld zur Zahlung fällig, wenn für beide Geschäftspartner kein Zinsverlust entstehen soll?

8. a) Der 29. März wurde als mittlerer Verfalltag einer Restschuld in Höhe von 119.300,00 € ermittelt. Die Zahlung des Restbetrages erfolgte am 17. Mai in Höhe von 120.970,20 € einschließlich Verzugszinsen. Welcher Zinssatz wurde bei der Ermittlung der Verzugszinsen zugrunde gelegt?

b) Eine Restschuld beträgt 12.100,00 € und ist ohne Nachteile für beide Geschäftspartner am 25. Nov. zur Zahlung fällig. Wann erfolgte die tatsächliche Zahlung der Restschuld, wenn 12 % Verzugszinsen (= 1.250,00 €) belastet wurden?

9. **Fällige Zahlungen**

7.140,00 € am 19. Okt.
2.170,00 € am 25. Okt.
4.740,00 € am 3. Nov.

Tatsächliche Zahlungen

1.250,00 € am 1. Dez.
5.550,00 € am 17. Dez.

a) Wann ist die Restschuld fällig, ohne dass die Geschäftspartner Zinsverluste hinnehmen müssen?

b) Die Restschuld wird am 22. Dez. einschließlich 8,5 % Verzugszinsen beglichen. Wie lautet der Überweisungsbetrag?

10.3 Die Anwendung der Terminrechnung bei der Ermittlung des effektiven Zinssatzes bei Teilzahlungs- und Kleinkrediten

10.3.1 Der effektive Zinssatz bei Teilzahlungskrediten

Bespiel mit Lösungen

Aufgabe

In unserem Fall auf Seite 90 kaufte Hans Gruber am 15. Mai einen Großbild-Farbfernseher mit Videogerät und Videokamera zum Gesamtpreis von 5.000,00 €. Mit dem Verkäufer vereinbarte er eine Zahlung in vier gleichen Raten am 20. Juni, 30. Juli, 30. Aug. und 15. Sept.

Für die Kreditgewährung an Gruber verlangt der Verkäufer Zinsen und eventuell Gebühren (Ratenaufschlag). Der Preis bei Ratenzahlung liegt somit stets über dem Barpreis.

Angenommen, der Barpreis hätte 4.800,00 € betragen. Es stellt sich die Frage, ob Gruber nicht besser einen Bankkredit über 4.800,00 € zu beispielsweise 12 % aufgenommen hätte. Um vergleichen zu können, muss der effektive (wirkliche) Zinssatz des Ratenaufschlages ermittelt werden.

Lösung 1 mithilfe der Terminrechnung

Um die Formel $p = \dfrac{z \cdot 100 \cdot 360}{k \cdot t}$ einsetzen zu können, müssen die Größen **z**, **k** und **t** ermittelt werden:

1. **Berechnung des Mehrpreises bei Ratenzahlung**

Kaufpreis bei Ratenzahlung	5.000,00 €	
– Barpreis (= Kreditsumme).	4.800,00 € ⟶ **k**	
Mehrpreis (Ratenaufschlag)	200,00 € ⟶ **z**	

Wurde eine Anzahlung geleistet, ist zur Ermittlung der Kreditsumme (k) der Barpreis um den Anzahlungsbetrag zu kürzen.

2. **Ermittlung des mittleren Verfalltages und der Zinstage** (vgl. S. 91)

Beträge (ohne Ratenaufschlag)	Verfall	Tage	#
1.200,00 €	20. Juni	0	0
1.200,00 €	30. Juli	40	480
1.200,00 €	30. Aug.	70	840
1.200,00 €	15. Sept.	85	1020
4.800,00 €		195	2340

Mittlere Verfallzeit

$$= \dfrac{\#}{\dfrac{k}{100}} = \dfrac{2340}{\dfrac{4.800,00}{100}} = \underline{\text{rd. 49 Tage}}$$

Mittlerer Verfalltag

$$= 20.\ \text{Juni} + 49\ \text{Tage} = \underline{9.\ \text{Aug.}}$$

98

Anmerkung: Die Ermittlung der mittleren Verfallzeit kann mithilfe der Durchschnittsrechnung **vereinfacht** werden, wenn **gleich große Raten** vorliegen.

In diesem Falle gilt:
$$\boxed{\text{Mittlere Verfallzeit} = \frac{\text{Summe der Tage}}{\text{Anzahl der Raten}}} = \frac{195}{4} = \text{rd. }\underline{\underline{49\text{ Tage}}}$$

Da bereits zwischen dem Tag des Kaufes und dem Verfalltag der ersten Rate eine Kreditgewährung stattfindet, müssen diese Zinstage zusätzlich berücksichtigt werden:

Mittlere Verfallzeit . . . . 49 Tage
+ Tage zwischen Kauftag und Verfalltag
der ersten Rate . . . . 35 Tage   (15. Mai – 20. Juni)

Zinstage (t) . . . . $\underline{84\text{ Tage}}$ ———➤ **t**

3. Ermittlung des effektiven Zinssatzes

$$p = \frac{z \cdot 100 \cdot 360}{k \cdot t} = \frac{200 \cdot 100 \cdot 360}{4.800,00 \cdot 84} = \text{rd. }\underline{\underline{17,9\,\%}}$$

Ergebnis: Gruber wäre mit einem Bankkredit zu 12 % günstiger gefahren.

Lösung 2 mithilfe der Zinsrechnung

Der effektive Zinssatz kann auch unter alleiniger Anwendung der Zinsrechnung ermittelt werden:

Zinsstaffel:

Wert	Restschuld €	Tage	#
15. Mai 20. Juni	4.800,00 € – 1.200,00 €	35	1680
30. Juli	3.600,00 € – 1.200,00 €	40	1440
30. Aug.	2.400,00 € – 1.200,00 €	30	720
15. Sept.	1.200,00 € – 1.200,00 €	15	180
	0,00 €		4020

$$z = \frac{\# \cdot p}{360}$$

$$p = \frac{z \cdot 360}{\#}$$

$$= \frac{200 \cdot 360}{4\,020} = \text{rd. }\underline{\underline{17,9\,\%}}$$

– Ermittlung des effektiven Zinssatzes mithilfe der <u>Terminrechnung</u>:

1. Ermittlung von <u>k</u> : Kreditsumme = Barpreis – Anzahlung

2. Ermittlung von <u>z</u> : Kaufpreis bei Ratenzahlung
   – <u>Kaufpreis bei Barzahlung</u>
   = Ratenaufschlag (Mehrpreis) = z

3. Ermittlung von <u>t</u> : t = Mittlere Verfallzeit + Zeitraum zwischen Kauftag und Verfalltag der ersten Rate

Ermittlung der mittleren Verfallzeit bei gleich großen Raten:

$$\text{Mittlere Verfallzeit} \quad = \quad \frac{\text{Summe der Tage}}{\text{Anzahl der Raten}}$$

4. Ermittlung von <u>p</u> : $p = \dfrac{z \cdot 100 \cdot 360}{k \cdot t}$

– Ermittlung des effektiven Zinssatzes mithilfe der Zinsrechnung (Zinsstaffel):

1. Von der Kreditsumme (= Barpreis – Anzahlung) sind die einzelnen Monatsraten (ohne Ratenaufschlag) zu kürzen, um die jeweilige Restschuld zuberechnen.

2. Ermittlung der jeweiligen Zinstage

3. Ermittlung der <u>Zinszahlen</u>

4. Ermittlung von <u>z</u> (= Ratenaufschlag insgesamt)

5. Ermittlung von <u>p</u> : $p = \dfrac{z \cdot 360}{\#}$

Übungen A

1. Die Rockband „Cool Eyes" kauft am 17. Aug. eine neue Verstärkeranlage, die zum Barpreis von 7.200,00 € angeboten wird. Wegen fehlender liquider Mittel vereinbaren die Cool Eyes mit dem Musikgeschäft Ratenzahlungen über jeweils 1.460,00 €, fällig am 30. Aug., 15. Sept., 20. Okt., 30. Okt. und 15. Nov.

   a) Wann kann die Gesamtschuld ohne Zinsvorteil bzw. -nachteil für beide Geschäftspartner auf einmal bezahlt werden?

   b) Wie hoch ist der effektive Zinssatz des Ratenkredits?

2. Eine vollständige Stabhochsprunganlage kostet bei Barzahlung 13.400,00 €. Der Sportverein FC Dösenbüttel handelt am 16. April mit dem Verkäufer folgende Zahlungsweise aus:

   Anzahlung am 16. April 4.000,00 €. Der Rest ist in vier Raten zu je 2.450,00 €, fällig am 30. April, 20. Mai, 20. Juni und 30. Juli, zu entrichten.

   a) Wann kann die Gesamtschuld ohne Vorteil bzw. Nachteil für Gläubiger und Schuldner auf einmal bezahlt werden?

   b) Wie hoch ist der effektive Zinssatz des Ratenkredits?

Beispiel mit Lösung

(Gleich große Raten und gleiche Zeitabstände zwischen den Raten)

Aufgabe

Eine elektrische Orgel wird zu einem Barpreis von 5.600,00 € angeboten. Mit dem Käufer wird folgende Vereinbarung getroffen:

Anzahlung bei Kauf	1.300,00 €
Rest in 9 Monatsraten zu je	500,00 €
Beginn der Ratenzahlung 1 Monat nach der Anzahlung.	

Ermitteln Sie den effektiven Zinssatz.

Lösung

1. Berechnung des Mehrpreises bei Ratenzahlung:

Anzahlung	1.300,00 €
9 Raten zu je 500,00 €	4.500,00 €
Preis bei Ratenzahlung	5.800,00 €
– Barpreis	5.600,00 €
Mehrpreis (Ratenaufschlag) . . .	200,00 € $\longrightarrow$ **z**

2. Berechnung der Kreditsumme

Barpreis	5.600,00 €
– Anzahlung	1.300,00 €
Kreditsumme	4.300,00 € $\longrightarrow$ **z**

3. Berechnung der Tage

Bei gleichen Ratenbeträgen und gleichen Zeitabständen zwischen den Ratenzahlungen (Regelfall) können die Zinstage mithilfe einer einfachen Durchschnittsrechnung ermittelt werden:

$$\textbf{Durchschnittliche Laufzeit aller Raten} = \frac{\text{Laufzeit 1. Rate} + \text{Laufzeit letzte Rate}}{2}$$

$$= \frac{30 + 270}{2} = 150 \text{ Tage} \longrightarrow t$$

4. Ermittlung des effektiven Zinssatzes

$$p = \frac{z \cdot 100 \cdot 360}{100} = \frac{200,00 \cdot 100 \cdot 360}{4.300,00 \cdot 150} = \text{rd. } \underline{\underline{11,2\,\%}}$$

Übungen B

1. Ermitteln Sie jeweils den mittleren Verfalltag sowie den effektiven Zinssatz. Beginn der Ratenzahlung 1 Monat (a, b), 2 Monate (c) bzw. $1\frac{1}{2}$ Monate (d) nach der Anzahlung.

	Barpreis €	Anzahlung €	Anzahl der Raten	€ pro Rate	Abstand zwischen den Raten	Fälligkeit der 1. Rate
a)	7.600,00	2.000,00	8	720,00	1 Monat	4. März
b)	41.000,00	8.000,00	10	3.400,00	1 Monat	17. Mai
c)	6.500,00	500,00	7	870,00	2 Monate	17. Jan.
d)	12.400,00	3.000,00	6	1.700,00	$1\frac{1}{2}$ Monate	4. Sept.

2. Ein Wohnzimmerschrank kostet bei Barzahlung 3.590,00 €. Ein Käufer entscheidet sich für eine Zahlung in 8 Monatsraten zu je 395,00 €, nachdem er am Kauftag (3. Aug.) eine Anzahlung über 500,00 € leistete.

   a) An welchem Tag kann er den Gesamtbetrag der Raten auf einmal zahlen, wenn die erste Rate einen Monat nach dem Kauf fällig gewesen wäre?

   b) Welche Effektivverzinsung liegt dem Ratengeschäft zugrunde?

3. Ein Surfbrett wird zum Barpreis von 1.798,00 € angeboten. Der Verkäufer erklärt sich jedoch auch mit einer Anzahlung von 398,00 € am 2. März und 12 Monatsraten zu je 125,00 € einverstanden. Die Ratenzahlung beginnt 1 Monat nach der Anzahlung.

   a) An welchem Tag kann der Gesamtbetrag der Raten überwiesen werden, ohne dass Käufer und Verkäufer einen Nachteil haben?

   b) Welchem effektiven Zinssatz entspricht der Ratenaufschlag?

4. Otto Gadebusch kauft ein Motorboot, das bei Barzahlung 6.000,00 € kosten würde. Er zahlt 30 % am 13. Juni an und begleicht seine Restschuld in 12 Monatsraten zu je 360,00 €. Fälligkeit der 1. Rate am 13. Juli.

   a) Ermitteln Sie den mittleren Verfalltag.

   b) Welcher Effektivzins wird Herrn Gadebusch in Rechnung gestellt?

5. Ein Büroausstattungsgeschäft verlangt für eine elektrische Schreibmaschine bei Barzahlung 1.990,00 €. Bei Ratenzahlung sind eine Anzahlung von 300,00 € am 3. Juli sowie 8 Monatsraten zu je 220,00 € zu leisten. Die Ratenzahlung beginnt 30 Tage nach Leistung der Anzahlung.

   a) Ermitteln Sie den mittleren Verfalltag.

   b) Welchem Effektivzins entspricht der Ratenaufschlag?

6. Antonius Fröhlich, Millionenerbe, möchte am 15. April eine Segeljacht zum Barpreis von 90.000,00 € erwerben. Da seine Erbschaft nicht sofort voll ausgezahlt wird, entscheidet er sich für eine Ratenzahlung. Der Verkäufer wittert ein gutes Geschäft und trifft mit Herrn Fröhlich folgende Vereinbarung:

> Am 15. April ist eine Anzahlung über 20.000,00 € zu leisten. Der Rest soll in 9 gleichen Raten über jeweils 8.600,00 € beglichen werden. Die erste Rate ist am 30. Juni fällig, die nächsten 3 Raten im Abstand von jeweils 30 Tagen und die restlichen Raten nach jeweils $1\frac{1}{2}$ Monaten.

a) Wann kann der Gesamtbetrag ohne Vor- und Nachteile für Käufer und Verkäufer beglichen werden?

b) Welche Effektivverzinsung erzielt der Verkäufer?

c) Um wie viel Prozent weicht der effektive Zinssatz vom Marktzinssatz (11 %) ab?

10.3.2 Der effektive Zinssatz bei Kleinkrediten der Bank

Beispiel mit Lösung

Aufgabe

Eine Stuttgarter Bank gewährt Herrn Kurt Groll einen Kleinkredit über 4.500,00 €, rückzahlbar in 10 gleichen Monatsraten. Kreditkonditionen:

- 0,5 % monatliche Zinsen vom gesamten Kreditbetrag;
- 1,5 % einmalige Bearbeitungsgebühr.

Beginn der Rückzahlung 1 Monat nach Kreditaufnahme.

Berechnen Sie

a) die monatlichen Tilgungsraten einschließlich Zinsen und Bearbeitungsgebühr,

b) den effektiven Zinssatz.

Lösung

a) Berechnung der Rate einschließlich Kreditkosten

Zinsen:	10 · 0,5 % =	5 % von 4.500,00	= 225,00 €
Bearbeitungsgebühr:		1,5 % von 4.500,00	= 67,50 €

Kreditkosten insgesamt **z** ....   292,50 €

Höhe einer Rate (ohne Kreditkosten): .... 4.500,00 : 10 = 450,00 €
+ Kreditkosten je Rate: .... 292,50 : 10 = 29,25 €

Rate einschließlich Kreditkosten ....   479,25 €

b) Ermittlung der durchschnittlichen Laufzeit des Kredits **t**

$$t = \frac{\text{Laufzeit 1. Rate } + \text{Laufzeit letzte Rate}}{2} = \frac{30 + 300}{2} = \underline{\underline{165 \text{ Tage}}}$$

c) Ermittlung des effektiven Zinssatzes **p**

$$p = \frac{z \cdot 100 \cdot 360}{k \cdot t} = \frac{292,50 \cdot 100 \cdot 360}{4.500,00 \cdot 165} = \text{rd. } \underline{\underline{14,2\,\%}}$$

Übungen

1. Martin Feldner benötigt eine neue Stereoanlage. Er nimmt bei der Bank einen Kleinkredit über 3.200,00 € auf, Laufzeit 6 Monate. Die Bank berechnet 0,6 % Zinsen je Monat aus dem vollen Kreditbetrag und $\frac{1}{2}$ % Bearbeitungsgebühr vom Kreditbetrag. Die Kosten werden zusammen mit der monatlichen Rate getilgt.

   a) Welche Monatsraten legt die Bank fest?

   b) Welchem effektiven Zinssatz entsprechen die genannten Konditionen?

2. Eva Singer möchte sich neu einkleiden. Sie benötigt 4.000,00 €, die sie in 12 Monatsraten zurückzahlen kann. Drei Banken unterbreiten folgende Angebote:

   Bank A: 12 Monatsraten zu je 355,00 € einschließlich Zinsen und sonstigen Kosten.

   Bank B: 0,5 % monatliche Zinsen vom gesamten Kreditbetrag; 1 % einmalige Bearbeitungsgebühr vom Kreditbetrag.

   Bank C: 0,4 % monatliche Zinsen vom gesamten Kreditbetrag; 2 % einmalige Bearbeitungsgebühr vom Kreditbetrag.

   Ermitteln Sie die Effektivverzinsungen der drei Angebote. Für welche Bank wird sich Eva Singer entscheiden?

5107104

11 Die Wertpapierrechnung

11.1 Einführung: Wertpapierarten

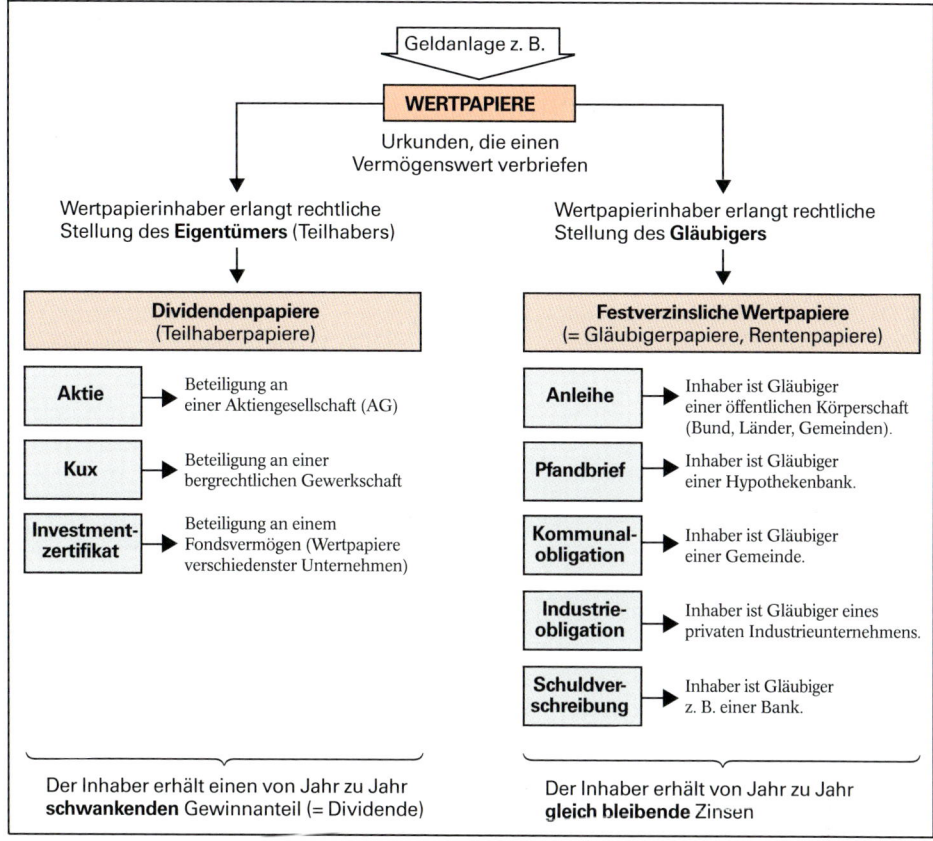

Geldanlage z. B.

WERTPAPIERE

Urkunden, die einen
Vermögenswert verbriefen

Wertpapierinhaber erlangt rechtliche
Stellung des **Eigentümers** (Teilhabers)

Wertpapierinhaber erlangt rechtliche
Stellung des **Gläubigers**

Dividendenpapiere
(Teilhaberpapiere)

Festverzinsliche Wertpapiere
(= Gläubigerpapiere, Rentenpapiere)

Aktie	Beteiligung an einer Aktiengesellschaft (AG)
Kux	Beteiligung an einer bergrechtlichen Gewerkschaft
Investment-zertifikat	Beteiligung an einem Fondsvermögen (Wertpapiere verschiedenster Unternehmen)

Anleihe	Inhaber ist Gläubiger einer öffentlichen Körperschaft (Bund, Länder, Gemeinden).
Pfandbrief	Inhaber ist Gläubiger einer Hypothekenbank.
Kommunal-obligation	Inhaber ist Gläubiger einer Gemeinde.
Industrie-obligation	Inhaber ist Gläubiger eines privaten Industrieunternehmens.
Schuldver-schreibung	Inhaber ist Gläubiger z. B. einer Bank.

Der Inhaber erhält einen von Jahr zu Jahr
schwankenden Gewinnanteil (= Dividende)

Der Inhaber erhält von Jahr zu Jahr
gleich bleibende Zinsen

11.2 Die Berechnung des Kurswertes

Egon Xandlhuber liest in der Zeitung, dass man sich bei einer bestimmten Aktien-gesellschaft bereits mit 65,00 € beteiligen kann. Mit seinen angesparten 200,00 € möchte er sich daher am 8. Mai bei der Bank drei Aktien kaufen. Enttäuscht muss er jedoch feststellen, dass eine Aktie der betreffenden AG plötzlich 80,00 € (= Preis, Kurs) kostet. Herr Xandlhuber äußert seinen Ärger lautstark. Der Bankange-stellte belehrt ihn allerdings und erklärt, dass der Kurs für Wertpapiere nicht von der Bank festgelegt wird, sondern sich an der Börse in Abhängigkeit von Angebot und Nachfrage bildet.

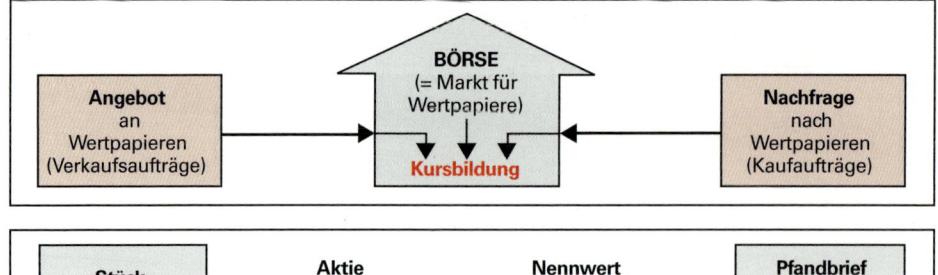

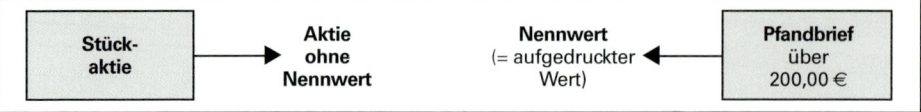

Börsenkurs am 8. Mai:
80,00 €, d.h.: Eine Aktie kostet am
8. Mai 80,00 € (= sog. **Stückkurs**).

Börsenkurs am 8. Mai:
95 %, d.h.: Ein Pfandbrief kostet am
8. Mai 95 % von 200,00 € = 190,00 €
(= sog. **Prozentkurs**).

Merke	Bei Aktien wird stets der Stückkurs (= Preis je Aktie) an der Börse notiert.

Merke	Bei festverzinslichen Wertpapieren wird stets der Prozentkurs (bezogen auf den Nennwert) an der Börse notiert.

Auszug aus einer Kurstabelle[1]: alle Angaben in Euro

Aktien			Festverzinsliche Wertpapiere			Kurs
Name	Letzte Bruttodivid.	Kurs	**Öffentliche Anleihen**			
			Bundesrepublik Deutschland			
Allianz	5,50	71,80	3,25 %	Bund 05/15		102,38
BASF	1,95	26,30	4 %	Bund 06/16		106,12
Bayer	1,35	43,80	3,75 %	Bund 08/19		104,02
BMW	1,06	22,90				
Commerzbank	1,00	3,88	**Bundesobligationen**			
Daimler	2,00	25,74				
Deutsche Bank	4,50	22,84	4,25 %	07/12		107,60
Deutsche Postbank	1,25	9,46	4 %	08/13		107,04
Deutsche Telekom	0,78	9,74				
MAN	3,15	39,31	**Banken, Kommunalobligationen**			
Metro	1,18	28,32	4,75 %	Postbank		106,90
Münchner Rückvers.	5,50	110,00	4 %	Landesbank Bad. Württ. 09/19		99,00
RWE	3,15	62,04				
SAP	0,50	29,64	**Anleihen der Industrie**			
Siemens	1,60	48,87	3,375 %	BASF	05/12	101,67
Thyssen Krupp	1,30	19,10	4,625 %	Dt. Lufthansa	06/13	100,50
VW	1,80	274,85	4,25 %	Henkel	03/13	101,81

Euro pro Aktie — Stückkurse (Euro für eine Aktie) — Prozentkurse (Prozent vom Nennwert)

---

1 Die Kurse für den Kauf und Verkauf von Wertpapieren unterliegen ständigen Schwankungen, oft in erheblichem Ausmaß. Entnehmen Sie aktuelle Werte bitte den Kurstabellen der Geldinstitute, der Tagespresse oder des Internets.

5107106

Beispiel mit Lösung

Aufgabe

a) Georg Baldauf besitzt 17 Stück A-Aktien, Kurs 80,00 €. Ermitteln Sie den Kurswert für alle Aktien.

b) Franz Trödel besitzt 21 Stück 200,00-€-Pfandbriefe, Kurs 97,5 %. Ermitteln Sie den Kurswert für alle Pfandbriefe.

Lösung

a) 17 Stück · 80,00 € = 1.360,00 €

b) 21 Stück · 200,00 € = 4.200,00 €

$$100,5\,\% = 4.200,00\,€$$

$$97,5\,\% = x$$

$$x = \frac{4.200,00 \cdot 97,5}{100} = 4.095,00\,€$$

Merke **Kurswert bei Aktien = Stückzahl · Kurs**

Merke

$$\text{Kurswert bei Gläubigerpapieren} = \frac{\text{Nennwert} \cdot \text{Kurs}}{100}$$

Übungen

1. Der Bundesligaspieler Fritz Bollermann rühmt sich am Stammtisch, bereits durch seine Wertpapiere ein halber Euro-Millionär zu sein. Ermitteln Sie die **Kurswerte** seiner nachfolgend aufgeführten Wertpapiere und überprüfen Sie, ob der Fußballprofi übertrieben hat. (Vergleiche Kurstabelle vorhergehende Seite)

a) **Aktien**

190 Stück	VW
57 Stück	MAN
200 Stück	Dt. Telekom
135 Stück	Metro

b) **Festverzinsliche Wertpapiere**

225.000,00 €,	4 % Bund
95.000,00 €,	3,75 % Bund
11.000,00 €,	4 % Bundesobligationen
2.000,00 €,	4,25 % Bundesobligationen

2. Ermitteln Sie die Stückzahl folgender Aktien.

Bezeichnung der AG	Stückkurs	Kurswert
a) AG 1	300,00 €	6.300,00 €
b) AG 2	218,00 €	15.696,00 €

3. Ermitteln Sie den Stückkurs folgender Aktien.

Bezeichnung der AG	Stückzahl	Kurswert
a) AG 1	74	4.514,00 €
b) AG 2	13	1.430,00 €

4. Zu welchem Kurs wurden folgende festverzinsl. Wertpapiere an der Börse notiert?

Verzinsung	Nennwert	Kurswert
a) 8,25 %	20.000,00 €	20.600,00 €
b) 9,75 %	16.000,00 €	16.800,00 €

5. Berechnen Sie den Nennwert folgender Rentenpapiere.

Verzinsung	Kurs	Kurswert
a) 5 %	98,50	1.182,00 €
b) 6 %	6,00	1.632,00 €

11.3 Die Berechnung des Ertrages

Die Württembergische Brauhaus AG erzielte einen Jahresüberschuss in Höhe von 2.000.000,00 €. Hiervon sollen 1.200.000,00 € zur Ausschüttung bereitgestellt werden (= Dividende vor Abzug der Körperschaftsteuer). Der Rest von 800.000,00 € wird einbehalten und in die Rücklagen eingestellt.

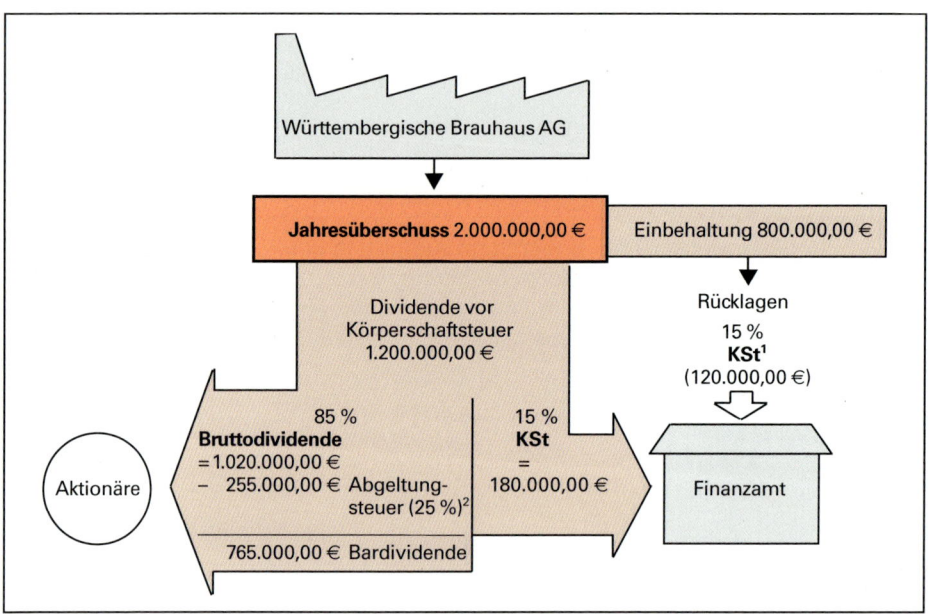

Nach dem Körperschaftsteuergesetz muss die AG auf die einbehaltenen 800.000,00 € und die ausgeschütteten 1.200.000,00 € 15 % Körperschaftsteuer zahlen.

Egon Xandlhuber besitzt eine Aktie der Württembergischen Brauhaus AG. Er liest in der Zeitung, dass die AG eine Dividende von 10,00 € **(Bruttodividende)** ausschüttet. Der von der AG angegebene Dividendenbetrag ist bereits um die Körperschaftsteuer (15 %) gekürzt. Herr Xandlhuber errechnet die ihm abgezogene Körperschaftsteuer und die Dividende vor Körperschaftsteuer:

---

1 Aus Vereinfachungsgründen wurde im Kapitel 11.3 der Solidaritätszuschlag in Höhe von 5,5 % weggelassen.

2 Aus Vereinfachungsgründen wurden im Kapitel 11.3 der Solidaritätszuschlag in Höhe von 5,5 % sowie ggf. die Kirchensteuer (8 % bzw. 9 % je nach Bundesland) weggelassen.

$$85\,\% = 10,00\,€$$
$$15\,\% = x$$

$$x = \frac{15}{85} \cdot 10,00 = \frac{3}{17} \cdot 10,00 = 1,76\,€ \text{ Körperschaftsteuer}$$

Divid. vor KSt	.... 100 %	11,76	
– Körperschaftsteuer.	15 %	1,76	
= **Bruttodividende**	.. 85 %	10,00	

bzw.

Bruttodividende	10,00
$+ \dfrac{3}{17}$ der Bruttodividende	1,76
Dividende vor KSt	11,76

Herr Xandlhuber ist einkommensteuerpflichtig. Die Bruttodividende wird daher noch einmal um 25 % Abgeltungsteuer gekürzt, sodass Herr Xandlhuber von seiner Bank lediglich 7,50 € an Bardividende ausbezahlt erhält:

Bruttodividende	10,00 €
– 25 % Abgeltungsteuer	2,50 €
= **Bardividende** (Gutschrift der Bank).........	7,50 €

Dem Aktionär wurden somit 1,76 € KSt + 2,50 € AbgSt = 4,26 € insgesamt an Steuern abgezogen.

Besteuerung unseres Aktionärs:

Dividende vor KSt	11,76 €
– 15 % KSt	1,76 €
Bruttodividende	10,00 €
– 25 % AbgSt	2,50 €
Bardividende (Ausschüttung)	7,50 €

Sollte der individuelle Einkommensteuersatz des Aktionärs unter 25 % liegen, hat er ein Anrecht auf Erstattung der Differenz.

Merke

Dividende vor KSt

– **15 % Körperschaftsteuer**

= **Bruttodividende**

– **25 % Abgeltungsteuer**

= **Bardividende**

Beispiel mit Lösung

Aufgabe

Herr Grünfink besitzt folgende Aktien:

80 Stück A-Aktien,	Bruttodividende	3,00 €
25 Stück B-Aktien,	Bruttodividende	0,60 €
20 Stück C-Aktien,	Bruttodividende	1,50 €

Ermitteln Sie die Bruttodividende und Dividende vor KSt für jede Aktienart.

Lösung

Bruttodividende für 80 Stück zu je 3,00 €	=	240,00 €
$+\ \dfrac{3}{17}$ Körperschaftsteuer	=	42,35 €
Dividende vor KSt		282,35 €

Bruttodividende für 25 Stück zu je 0,60 €	=	15,00 €
$+\ \dfrac{3}{17}$ Körperschaftsteuer	=	2,65 €
Dividende vor KSt		17,65 €

Bruttodividende für 20 Stück zu je 1,50 €	=	30,00 €
$+\ \dfrac{3}{17}$ Körperschaftsteuer	=	5,29 €
Dividende vor KSt		35,29 €

> **Merke** **Bruttodividende = Stückzahl · Stückdividende**

Während bei den Aktien die Erträge (Dividenden) jährlich schwanken, erhalten Besitzer festverzinslicher Wertpapiere jährlich gleich bleibende Zinsen, die vom Nennwert berechnet werden.

Beispiel mit Lösung

Aufgabe

Herr Schnobel besitzt folgende festverzinsliche Wertpapiere:

9 % Bundesrepublik Deutschland, Nennwert	20.000,00 €
10 % Deutsche Hypothekenbank, Kommunalobligat., Nennwert .	15.000,00 €
7 % VW-Anleihen, Nennwert	12.000,00 €

Ermitteln Sie den Zinsertrag, den Herr Schnobel pro Jahr erzielt.

Lösung

9 % von 20.000,00 €	=	1.800,00 €
10 % von 15.000,00 €	=	1.500,00 €
7 % von 12.000,00 €	=	840,00 €
Zinserträge insgesamt		4.140,00 €

> **Merke**
> - Zinsen werden in Prozent vom Nennwert ermittelt.
> - 25 % der Zinserträge werden als Abgeltungsteuer einbehalten.

Übung

Fußballprofi Fritz Bollermann behauptet, er könnte ohne weiteres auf den Fußballsport verzichten und von den Dividenden und Zinsen seiner Wertpapiere leben. Überprüfen Sie diese Aussage, indem Sie

a) die Brutto- und Bardividenden seiner Aktien (ohne Berücksichtigung von Solidaritätszuschlag und Kirchensteuer)

b) die jährlichen Erträge seiner festverzinslichen Wertpapiere ermitteln. (Vergleiche Aufgabe 1, S. 107 sowie Kurstabelle S. 106.)

5107110

11.4 Kauf und Verkauf von Dividendenpapieren unter Berücksichtigung von Spesen

Egon Xandlhuber hat 4.800,00 € angespart. Er beabsichtigt das Geld in Siemens-Aktien anzulegen. Aus dem Börsenteil der Zeitung erfährt er, dass der Siemens-Kurs bei 47,00 € liegt. Er rechnet: 100 Aktien · 47,00 € = 4.700,00 €. Mit den verbleibenden 100,00 € beabsichtigt er mit seiner Familie ein gutes Restaurant aufzusuchen. Auch dieses Mal erlebt Herr Xandlhuber eine herbe Enttäuschung, als ihm der Bankangestellte einen Abrechnungsbetrag von 4.748,88 € für die 100 Siemens-Aktien nennt. Er fragt nach dem Verbleib der fehlenden 48,88 €. Der Bankier erklärt, dass bei jedem Wertpapierkauf bzw. -verkauf **Spesen** anfallen, weil sowohl die Bank als auch der Makler an der Börse Dienstleistungen erbringen, die zu honorieren sind. Um 4.748,88 € erleichtert, dafür jedoch um 100 Siemens-Aktien bereichert, fällt Herrn Xandlhuber in Anbetracht seines knurrenden Magens beim Verlassen des Bankgebäudes ein altes Sprichwort ein: „Außer Spesen nichts gewesen."

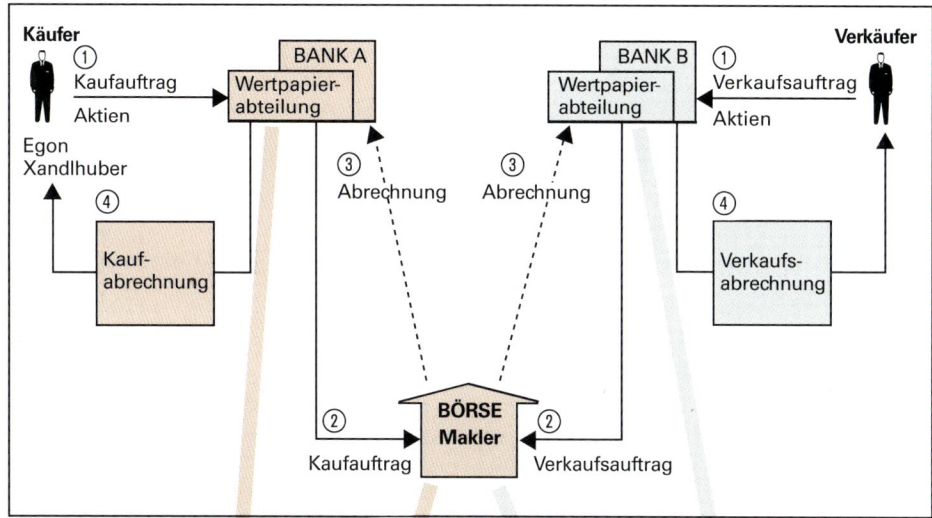

Spesen (Aktien):

Pro-vision	Makler-gebühr (Courtage)	Makler-gebühr (Courtage)	Pro-vision
1 % (mindestens 20,00 €)	**0,4** ‰ (mindestens 0,77 €)	wie beim Kauf	
vom Kurswert	vom Kurswert bei DAX-Werten (Restliche Aktien: 0,08 %)		

Anmerkung

Insbesondere die Höhe der **Mindestprovision** wird von jeder Bank individuell festgelegt: Der hier zugrunde gelegte Wert (20,00 €) gilt daher nicht für alle Banken.

Die Spesen werden i. d. R. vom Kurswert berechnet. Sie können somit zu einem Prozentsatz zusammengefasst werden, der allerdings bei niedrigeren Kurswerten wegen Vernachlässigung der Mindestprovision zu Fehlern führt:

$$\text{Pauschaler Spesensatz: } 1\,\% + 0,04\,\% = \underline{\underline{1,04\,\%}}$$

Beispiel mit Lösung

a) Herr Xandlhuber kauft 100 Stück Siemens-Aktien zum Kurs 47. Wie lautet die Kaufabrechnung der Bank?

Kaufabrechnung der Bank:

Kurswert von 100 Siemens-Aktien, Kurs 47
$= 100 \cdot 47,00 € =$ .... 4.700,00 €

+ **Spesen:**
Courtage: 0,04 % von 4.700,00 = 1,88 €
Provision: 1 % von 4.700,00 = 47,00 € .... 48,88 €

= **Kaufpreis** für 100 VW-Aktien..................................... 4.748,88 €

b) Um flüssige Mittel zu erlangen, verkauft Herr Xandlhuber nach 11 Monaten seine Aktien zum Kurs 54. Wie lautet die Verkaufsabrechnung der Bank?

Verkaufsabrechnung der Bank:

Kurswert von 100 Siemens-Aktien, Kurs 54
$= 100 \times 54,00 € =$ .... 5.400,00 €

– **Spesen:**
Courtage: 0,04 % von 5.400,00 = 2,16 €
Provision: 1 % von 5.400,00 = 54,00 € .... 56,16 €

= **Verkaufspreis** für 100 Siemens-Aktien.............................. 5.343,84 €

c) Welchen Gewinn erzielte Herr Xandlhuber durch dieses Wertpapiergeschäft?

Verkaufspreis für 100 Siemens-Aktien 5.343,84 €
– Kaufpreis für 100 Siemens-Aktien 4.748,88 €

= Kursgewinn .... 594,96 €

Merke	**Kaufabrechnung:**	**Kurswert**	**Verkaufsabrechnung:**	**Kurswert**
		+ **Spesen**		– **Spesen**
		= **Kaufpreis**		= **Verkaufspreis**

5107112

Übungen

1. Wie lauten die Abrechnungen der Bank für folgende **Aktienkäufe** (vgl. Kurstabelle S. 106 sowie Spesensätze S. 111):

Stückzahl	Bezeichnung der AG	Stückzahl	Bezeichnung der AG
a) 80	BASF	d) 140	Metro
b) 42	BMW	e) 65	Siemens
c) 17	MAN	f) 105	VW

2. Welche Abrechnungen erhalten die **Verkäufer** folgender Aktien (vgl. Kurstabelle S. 106 sowie Spesensätze S. 111):

Stückzahl	Bezeichnung der AG	Stückzahl	Bezeichnung der AG
a) 75	Allianz	d) 125	Daimler
b) 100	Bayer	e) 2	Deutsche Bank
c) 15	Commerzbank	f) 210	SAP

3. Der Börsenspekulant Max Spekelberger befürchtet, dass die Aktienkurse demnächst erheblich sinken werden. Er verkauft daher verschiedene Aktien, die er vor einem halben Jahr erworben hat. Ermitteln Sie den Kursgewinn bzw. -verlust für jede Aktiengattung und stellen Sie fest, wie erfolgreich Herr Spekelberger in Anbetracht des Gesamtergebnisses spekuliert hat. Verwenden Sie zur Vereinfachung den zusammengefassten Spesenprozentsatz von 1,04%.

	Stückzahl	Bezeichnung der AG	Kurs am Kauftag	Kurs am Verkaufstag
a)	40	A-AG	340	820
b)	10	B-AG	51	44
c)	15	C-AG	28	26
d)	20	D-AG	20	30
e)	160	E-AG	58	86

4. Überprüfen und berichtigen Sie gegebenenfalls folgende Kaufabrechnung:

Kurswert von 27 Aktien, Kurs 224,50   6.061,50

– Spesen:

Courtage   0,4 % von 6.061,50 = 24,25
Provision   1 $^0/_{00}$ von 6.061,50 = 6,10   30,35

Kaufpreis   6.031,15

5. Ein Eisengroßhändler verkauft sein Aktienpaket, um sein überzogenes Kontokorrentkonto wieder aufzufüllen: Um welchen Betrag wird das Kontokorrentkonto nach dem Aktienverkauf entlastet?

245 Stück   Kurs 52,60
120 Stück   Kurs 33.10
175 Stück   Kurs 44,20

6. Der Berufsschüler Franz Heller verkauft 3 A-Aktien zum Kurs von 118 sowie 4 B-Aktien zu 166,50. Den Erlös möchte er in C-Aktien anlegen.

   a) Wie viel C-Aktien erhält er, wenn Letztere an der Börse mit 286,50 notiert werden?

   b) Welchen Restbetrag überweist die Bank auf sein Konto?

7. Ein Möbelgroßhändler verkauft 140 Stück A-Aktien zum Kurs von 390, um einen finanziellen Engpass zu überbrücken. Zu welchem Kurs wurden die Aktien beim Kauf an der Börse notiert, wenn er die Aktien mit einem Verlust von 2.550,24 € verkauft? (Spesen: 1,04 % vom Kurswert)

11.5 Die Ermittlung des ausmachenden Betrages bei festverzinslichen Wertpapieren

Der Wertpapierinhaber erhält gleichbleibende Zinsen (Stückzinsen) jeweils für das abgelaufene Jahr ausbezahlt.

Auszahlungstermin hier: 15. Januar

Bei älteren Papieren und Auslandspapieren werden die Zinsen oft halbjährlich gezahlt. Beispiel: Auszahlungstermine A/O = 1. April/1. Oktober jeweils für das abgelaufene Halbjahr.

Fester Zinssatz, der sich auf den Nennwert (hier 100,00 €) bezieht.

Stückzinsen pro Jahr:

4 % aus 5.000,00 € = 200,00 €

Nennwert (Nominalwert): Rückzahlungsbetrag am Ende der Laufzeit des Pfandbriefes

Zu jedem festverzinslichen Wertpapier gehört ein **Zinsscheinbogen.** Für jeden Auszahlungstermin existiert ein Zinsschein (= Coupon, Kupon). Bei jährlich fälligen Zinsen und einer Laufzeit von 4 Jahren enthält der Zinsscheinbogen somit 4 Coupons.

Die einzelnen Zinsscheine werden bei Fälligkeit abgetrennt und über die Bank beim Schuldner (hier Sparkasse Überall) zur Einlösung vorgelegt.

5107114

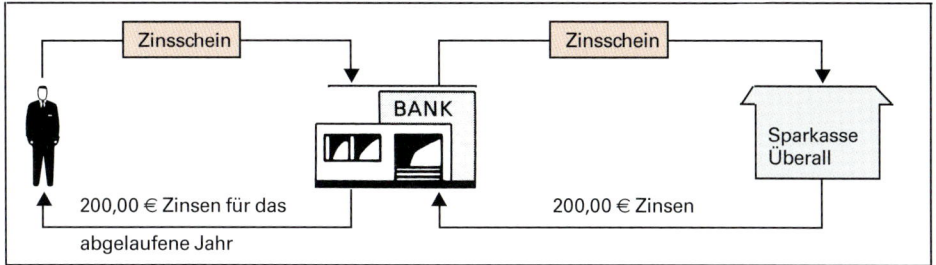

In der Regel liegen die Wertpapiere im Depot bei der Bank, die dann die Zinsschein-abtrennungen ungefähr zwei Wochen vor dem Auszahlungstermin vornimmt.

Einführungsbeispiel mit Lösung

Oswald Puck, Sänger der Rockband Puck & Co., möchte seinen Anteil aus einem Konzert in Höhe von etwa 1.000,00 € zinsgünstig anlegen. Die Bank empfiehlt ihm am **16. September** den Kauf eines 7%igen Pfandbriefes, Nennwert 1.000,00 €, Kurs 103, Zinstermin 1. Januar.

Der Inhaber dieses Pfandbriefes und des betreffenden Zinsscheines erhält also jeweils am 1. Januar die Zinszahlung für das vergangene Jahr.

Wird nun der Pfandbrief im Laufe des Jahres – im Beispiel am 16. September – gekauft, müssen sich Käufer und Verkäufer die Jahreszinsen aufteilen:[1]

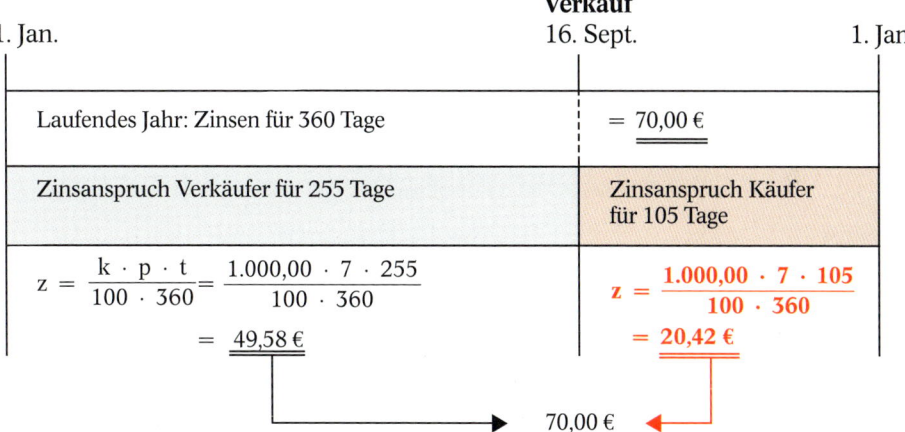

Welchen Betrag O. Puck für den Wertpapierkauf aufwenden muss, ist u. a. davon abhängig, ob der Verkäufer den Zinsschein für das gerade laufende Jahr abtrennt und einbehält oder ob der laufende Zinsschein mitgegeben wird. In der Praxis ist es nicht mehr üblich, den Zinsschein einzuhalten. Auf eine Behandlung dieses Sachverhalts wird daher verzichtet.

---

1 Verkaufstag und Wertstellungstag (Erfüllung) werden aus Vereinfachungsgründen als identisch angesetzt. Die Zinszahlungs-termine können somit für die Tageberechnung angesetzt werden.

Der Käufer erhält den laufenden Zinsschein und kassiert am 1. Januar die gesamten Jahreszinsen in Höhe von 70,00 €. Ihm stehen jedoch nur 20,42 € Zinsen zu. Er erstattet dem Verkäufer daher die restlichen 49,58 €.

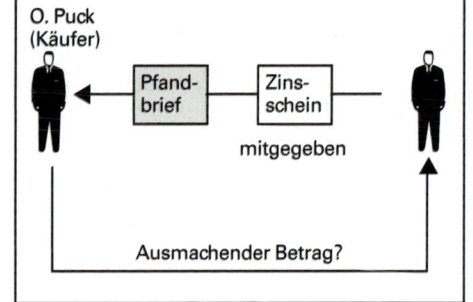

Zinsschein mitgegeben:

1.000,00 € 7 % Pfandbrief, Kurs 103	1.030,00 €
+ **Stückzinsen (7 %/255 Tage)**	**49,58 €**
Ausmachender Betrag . . .	1.079,58 €

Merke	Zinsschein einbehalten:	Zinsschein mitgegeben:
	Kurswert	**Kurswert**
	– Stückzinsen	**+ Stückzinsen**
	= Ausmachender Betrag	**= Ausmachender Betrag**

Beispiel mit Lösung

Aufgabe

Mehrere 10%ige Kommunalobligationen zum Nennwert von insgesamt 22.000,00 €, Kurs 101,50, Zinstermin 1. November, werden am 22. Oktober verkauft. Ermitteln Sie den ausmachenden Betrag, wenn der laufende Zinsschein mitgegeben wird.

Lösung

Verkauf

1. Nov.   22. Okt.   1. Nov.

Laufendes Jahr: Zinsen für 360 Tage = 2.200,00 €	
Zinsanspruch Verkäufer für 351 Tage	Zinsanspruch Käufer für 9 Tage

$$z = \frac{22.000,00 \cdot 10 \cdot 351}{100 \cdot 360}$$

$$z = 2.145,00 \text{ €}$$

$$z = \frac{22.000,00 \cdot 10 \cdot 9}{100 \cdot 360}$$

$$= 55,00 \text{ €}$$

2.200,00 €

Zinsschein mitgegeben:

22.000,00 €, 10 % Kommunalobligationen, Kurs 101,50	22.330,00 €
+ **Stückzinsen (10 %/351 Tage)**	**2.145,00 €**
Ausmachender Betrag	24.475,00 €

5107116

Übungen

1. Ermitteln Sie den ausmachenden Betrag bei folgenden Wertpapierumsätzen. Der Zinsschein wird jeweils mitgegeben.

   a) 800,00 € 6 % Anleihen (1. Jan.)   zu   96 % am   4. Jan.
   b) 6.500,00 € 10 % Anleihen (1. Sept.)   zu 112 % am 22. Okt.
   c) 11.000,00 € 7,5 % Pfandbriefe (1. Okt.)   zu 100 % am   1. Mai

2. Wie lautet der ausmachende Betrag für folgende Pfandbriefe? (Zinsschein mitgegeben)

	Nennwert €	Kurs	Zinssatz	Zinstermine	Tag des Umsatzes
a)	11.500,00	101,5	6,5 %	1. Juli	25. Jan.
b)	74.500,00	100	9 %	1. Dez.	17. April

11.6 Die Abrechnung der Bank beim Kauf und Verkauf von festverzinslichen Wertpapieren
(Berücksichtigung von Spesen)

Auch beim Kauf und Verkauf von festverzinslichen Wertpapieren fallen Spesen an. Der ausmachende Betrag ist daher noch zu berichtigen.

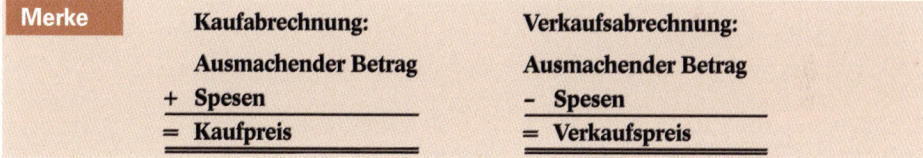

Merke	**Kaufabrechnung:**	**Verkaufsabrechnung:**
	Ausmachender Betrag	**Ausmachender Betrag**
	+ **Spesen**	– **Spesen**
	= **Kaufpreis**	= **Verkaufspreis**

Spesensätze bei festverzinslichen Wertpapieren (vergleiche Anmerkung S. 112):

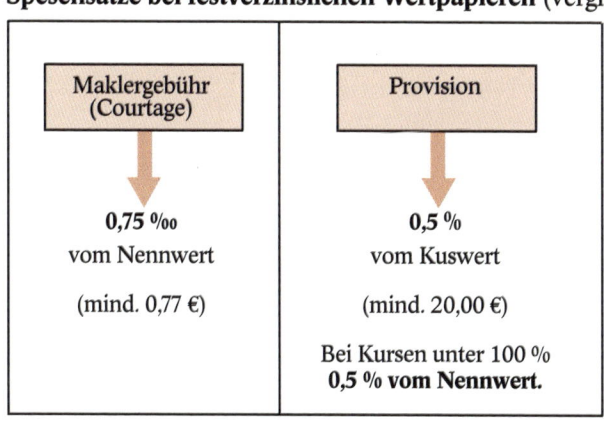

Maklergebühr (Courtage)	Provision
0,75 ‰	0,5 %
vom Nennwert	vom Kuswert
(mind. 0,77 €)	(mind. 20,00 €)
	Bei Kursen unter 100 % **0,5 % vom Nennwert.**

Zur Vereinfachung:

Pauschaler Spesensatz =

0,5 % + 0,75 ‰

= 0,575 %

vom Nennwert.

Beispiel mit Lösung (vgl. Kapitel 11.5)

Aufgabe

Mehrere 10%ige Kommunalobligationen zum Nennwert von insgesamt 22.000,00 €, Kurs 101,50, Zinstermin 1. November, werden am 22. Oktober verkauft.

Stellen Sie die Kauf- und Verkaufsabrechnungen auf, wenn der laufende Zinsschein mitgegeben wird.

Lösung

Kaufabrechnung		Verkaufsabrechnung	
22.000,00 € 10 % Kommunaloblig., Kurs 101,50	22.330,00 €	22.000,00 € 10 % Kommunaloblig., Kurs 101,50	22.330,00 €
+ Stückzinsen (10 %/351 Tage).	2.145,00 €	+ Stückzinsen (10 %/351 Tage).	2.145,00 €
Ausmachender Betrag	24.475,00 €	Ausmachender Betrag	24.475,00 €
+ **Spesen:** Courtage 0,75 %₀₀ von 22.000,00 = 16,50 € Provision 0,5 % von 22.330,00 = 111,65 €	+ **128,15 €**	− **Spesen:** (vergleiche Kaufabrechnung)	− **128,15 €**
Kaufpreis	24.603,15 €	Verkaufspreis	24.346,85 €

Für die Courtage: 0,75 ‰

Übungen

1. Erstellen Sie für die in Aufgabe 1, S. 117 genannten Wertpapiere die
   a) Kaufabrechnungen,
   b) Verkaufsabrechnungen der Bank. (Vergleiche Spesentabelle S. 117.)

2. Berechnen Sie die a) Verkaufspreise, b) Kaufpreise folgender Pfandbriefe. (Vergleiche Spesentabelle S. 117.) Zinsschein mitgeben.

	Nennwert €	Kurs	Zinssatz	Zinstermine	Tag des Umsatzes
a)	7.500,00	97	5 %	1. Juli	14. Nov.
b)	31.400,00	99,5	9 %	1. Febr.	7. Okt.
c)	400,00	101	8,5 %	1. Dez.	1. Aug.

3. Der Börsenspekulant Max Spekelberger kaufte am 20. Juni siegessicher 50.000,00 € 10%-Kommunalobligationen, A/O zum Kurs von 97,5 mit Zinsschein. Strahlend veräußerte er am 12. Dezember die Wertpapiere zum Kurs von 103,5 mit Zinsschein.
   a) Erstellen Sie die Kauf- und Verkaufsabrechnung der Bank. (Vergleiche Spesentabelle S. 117.)
   b) Ermitteln Sie den Kursgewinn.
   c) Welche Zinserträge erzielte der Spekulant?
   d) Wie hoch ist Spekelbergers Gesamtgewinn?

11.7 Die Rentabilität (Effektivverzinsung) der Wertpapiere

11.7.1 Die Effektivverzinsung bei Aktien

11.7.1.1 Keine Berücksichtigung von Steuern, Spesen und Kursgewinnen

Gespräch zweier Freunde am Stammtisch:

Norbert: „Ich habe heute 10.000,00 € in A-AG-Aktien angelegt. Der Kurs von 49 ist sehr günstig. Außerdem erhält man eine saftige Verzinsung."

Franz: „Wie hoch war denn die letzte Ausschüttung bei der A-AG?"

Norbert: „0,79 € pro Aktie."

Franz: „Ist ja lächerlich. Ich habe ebenfalls heute 5.000,00 € angelegt – allerdings bei der B-AG zum Kurs von 61. Die haben im letzten Jahr 0,82 pro Aktie ausgeschüttet. An deiner Stelle würde ich die Aktien schleunigst wieder verkaufen."

Norbert: „Wetten wir um ein Fass Bier, dass ich bei der nächsten Dividendenzahlung trotzdem günstiger wegkomme?"

Franz: „Die Wette gilt."

Ein Jahr später: Zeitungsnotizen:

> „Die A-AG schüttet erneut 0,79 € pro Aktie aus."

> „Die Dividende der B-AG beträgt – wie im Vorjahr – 0,82 € pro Aktie."

Franz und Norbert führen ein heftiges Streitgespräch. Keiner möchte das Fass Bier zahlen:

Wer hat die Wette gewonnen? (Vergleiche **Übung 1**.)

Beispiel mit Lösung

Aufgabe

Ein Wirtschaftsschüler plant den Kauf einer Aktie, Kurswert zurzeit 160. Die AG zahlte in den letzten Jahren im Durchschnitt eine Dividende von 2,00 €. Ermitteln Sie den wirklichen (effektiven) Zinssatz.

Lösung

Kapitaleinsatz (= Kurswert)   160,00 € = 100 %
Durchschnittliche Dividende   2,00 € = x %

$$x = \frac{100 \cdot 2}{160,00} = \underline{1,25\,\%}$$

Merke

$$\text{Effektiver Zinssatz (Rentabilität)} = \frac{100 \cdot \text{Dividende}}{\text{Kapitaleinsatz}}$$

Lösung mit der Zinsformel

$$p = \frac{z \cdot 100 \cdot 360}{k \cdot t} = \frac{2 \cdot 100 \cdot 360}{160,00 \cdot 360} = \underline{\underline{1,25\,(\%)}}$$

Übungen

1. Wer hat die Wette im Einführungsbeispiel gewonnen?

2.

	Stückkurs	durchschnittliche Dividende
a)	170	5,00 €
b)	290	14,00 €

Ermitteln Sie den effektiven Zinssatz.

11.7.1.2 Berücksichtigung von Spesen und Kursgewinnen (-verlusten)

Beispiel mit Lösung

Aufgabe

Der Börsenspekulant Max Spekelberger möchte aus folgendem Wertpapiergeschäft die effektive Verzinsung seines eingesetzten Kapitals ermitteln:

Kauf von 100 Stück Aktien am 20. Mai 01 zum Stückkurs von 220. Verkauf der Aktien am 15. Juli 04 zum Stückkurs von 205. Herr Spekelberger erhielt drei Dividendenzahlungen in Höhe von je 10,00 € je Aktie. Pauschaler Spesensatz: 1,04 %. (Vgl. S. 112.)

Lösung

Anmerkung: Um in die Formel $p = \dfrac{z \cdot 100 \cdot 360}{k \cdot t}$ einsetzen zu können, müssen zunächst die Größen **k**, **z** und **t** ermittelt werden. Die Rechnung erfolgt für 1 Stück.

Kauf		Verkauf	
1 Aktie, Stückkurs 220	220,00 €	1 Aktie, Stückkurs 205	205,00 €
+ 1,04% Spesen	2,29 €	− 1,04 % Spesen.	2,13 €
Kaufpreis 20. Mai 01 (= **k**)	222,29 €	Verkaufspreis.	202,87 €

> **Merke** k = eingesetztes Kapital = Kaufpreis

Kursverlust: 222,29 € − 202,87 € = 19,42 €

Ermittlung der Summe der Erträge (= z):

Dividenden	30,00 €
− Kursverlust	19,42 €
Erträge insgesamt (= **z**)	10,58 €

> **Merke** z = Erträge insgesamt
> = Dividenden + Kursgewinn bzw.
> = Dividenden − Kursverlust

Ermittlung der Tage (= t): 20. Mai 01 bis 15. Juli 04 = 1 135 Tage

> **Merke** t = Tage des Wertpapierbesitzes

Ermittlung des effektiven Zinssatzes p %:

$$p = \frac{z \cdot 100 \cdot 360}{k \cdot t} = \frac{10,58 \cdot 100 \cdot 360}{222,28 \cdot 1135} = \underline{1,51 \ (\%)}$$

Übungen

1. Ein Geschäftsmann kaufte am 27. Oktober 01 80 Stück Aktien zum Stückkurs von 185. Die Aktien wurden am 30. August 03 zum Kurs von 196 veräußert. Die AG zahlte für die Geschäftsjahre 01 7,50 € und 02 9,00 € Dividende. Pauschaler Spesensatz: 1,04 %.
Ermitteln Sie den effektiven Zinssatz.

2. Welche effektive Verzinsung wurde bei folgenden Aktiengeschäften erzielt? (pauschaler Spesensatz 1,04 % vom Kurswert)

Stückzahl	Kauftag	Kaufkurs	Verkaufs-tag	Verkaufs-kurs	Dividende je Stück/€
a) 450	28. März 02	154	24. Nov. 02	173	11,00
b) 130	16. Jan. 01	224	28. Aug. 03	232	8,00/10,00/12,00
c) 150	25. Aug. 01	217	24. Juli 04	281	10,00/12,00/13,00
d) 200	13. März 01	251	19. Sept. 04	172	8,00/4,00/0,00

11.7.2 Die Effektivverzinsung bei festverzinslichen Wertpapieren

11.7.2.1 Keine Berücksichtigung von Spesen und Anlagedauer

Beispiel mit Lösung

Aufgabe

Ein Berufsschüler plant den Kauf einer 9%-Kommunalobligation, Kurs 105, Nennwert 100,00 €. Ermitteln Sie den effektiven Zinssatz (die Rentabilität).

Lösung

Kapitaleinsatz $\qquad$ 105,00 € = 100 %

9 % Zinsen von 100,00 $\qquad$ 9,00 € = x %

$$x = \frac{100 \cdot 9,00}{105,00} = \underline{\underline{8,57\ \%}}$$

Merke

$$\text{Effektiver Zinssatz (p)} = \frac{100 \cdot \text{Zinsen}}{\text{Kapitaleinsatz}}$$

Übung

Wie hoch ist der effektive Zinssatz eines 11%-Pfandbriefes, Kurs 110, Nennwert 100,00 €?

5107122

11.7.2.2 Berücksichtigung von Spesen und Kursgewinnen

Beispiel mit Lösung

Aufgabe

Ermitteln Sie die effektive Verzinsung von 12.000,00 € 10%-Anleihe,

> Nennwert je Stück 100,00 €.
> Kaufkurs am 20. Juli 01: 98
> Verkaufskurs am 5. Mai 05: 105

Pauschaler Spesensatz: 0,575 % vom Kurswert (bei Kursen unter 100 % vom Nennwert).

Lösung

Kauf:[1]		**Verkauf:**[1]	
Kurswert einer Anleihe	98,00	Kurswert einer Anleihe	105,00
+ 0,575 % Spesen von 100,00 =	0,58	– 0,575 % Spesen von 105,00 .... =	0,60
Kaufpreis (= **k**)	98,58	Verkaufspreis...................	104,40

Ermittlung des gesamten Ertrages:

Kursgewinn $= 104,40\ € - 98,58\ € =$ .... $\quad 5,82\ €$

+ Zinsen (10 %/1365 **Tage**):

$$z = \frac{100,00 \cdot 10 \cdot 1365}{100 \cdot 360} = \qquad 37,92\ €$$

Gesamtertrag (= **z**) .... $\quad 43,74\ €$

Ermittlung des effektiven Zinssatzes:

$$p = \frac{100 \cdot 10 \cdot 360}{k \cdot t} = \frac{43,74 \cdot 100 \cdot 360}{98,58 \cdot 1365} = \underline{\underline{11,70}}\ (\%)\ \text{effektiver Jahreszinssatz}$$

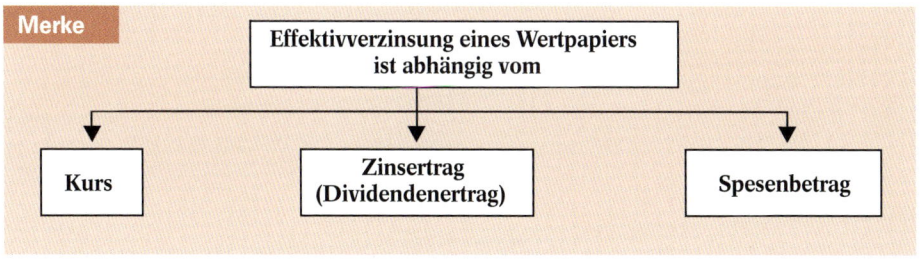

Merke

Effektivverzinsung eines Wertpapiers ist abhängig vom

Kurs — **Zinsertrag (Dividendenertrag)** — **Spesenbetrag**

---

1 Der Wertpapierbesitzer erhält Zinsen für die Zeit zwischen Kauf und Verkauf des Wertpapiers. Die Frage, ob der laufende Zinsschein jeweils mitgegeben oder einbehalten wurde, ist daher für den Rechenengang unbedeutend.

Eine Ermittlung des ausmachenden Betrages ist lediglich bei der Erstellung von Kauf- bzw. Verkaufsabrechnungen der Bank notwendig.

Übungen

1. Der Fußballclub FC Dösenbüttel legte am 10. Mai 01 seine Überschüsse von 16.000,00 € in 8 %-Pfandbriefen, Nennwert je Stück 100,00 €, zum Kaufkurs von 97 % an. Am 16. April 02 werden Geldmittel für eine Jubiläumsfeier benötigt. Der Verein verkauft die Wertpapiere zum Kurs von 108 %.

   Welche Effektivverzinsung erzielte der Fußballclub, wenn beim Kauf und Verkauf pauschale Spesensätze in Höhe von 0,575 % vom Kurswert bzw. bei Kursen unter 100 % vom Nennwert berechnet werden?

2. Welche effektive Verzinsung wurde bei folgenden Wertpapiergeschäften erzielt? (Nennwert jeweils 100,00 €; pauschaler Spesensatz 0,575 % vom Kurswert bzw. bei Kursen unter 100 % vom Nennwert)

Nennwert €	Wertpapierbezeichnung	Kauftag	Kaufkurs %	Ver-kaufstag	Ver-kaufskurs %
a) 10.000,00	9 %-Kommunalobligat.	30. Nov. 01	99	24. Juli 02	103
b) 13.000,00	8 %-Pfandbriefe	18. Jan. 01	102	24. Sept. 02	98
c) 8.000,00	10 % Bundesrep. Deutschl.	1. Juni 01	100	16. April 03	106
d) 20.000,00	8 %-Bundesobligationen	19. Dez. 01	101	28. Apr. 03	97,5
e) 6.000,00	9 %-Pfandbriefe	30. Aug. 01	100	25. Okt. 02	108

5107124

12 Die Handelskalkulation

12.1 Die Vorwärtskalkulation
(Progressive Kalkulation)

Unsere Firma Ingo Windisch, Großhandel für Sportgeräte in Stuttgart, kauft bei der Surf-GmbH in München ein Windsurfbrett für Extremsurfer und veräußert es an das Sportgeschäft Sport-Fuchs, Stuttgart.

Vor Zustandekommen des Kaufvertrages mussten wir einen Verkaufspreis kalkulieren (ausrechnen), der nicht nur sämtliche Kosten decken, sondern zusätzlich noch einen angemessenen Gewinn garantieren soll.

Kalkulation für ein Surfbrett

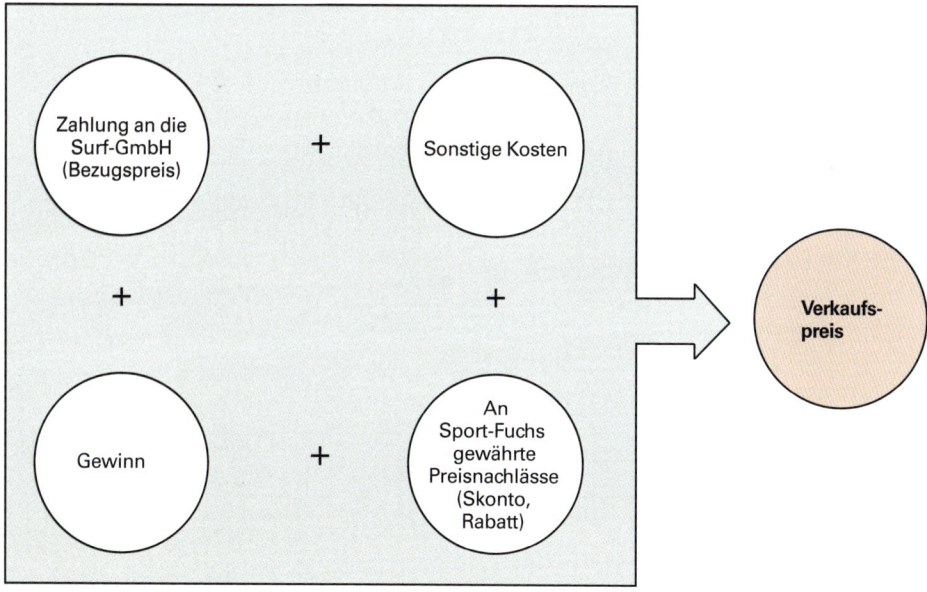

Beispiel mit Lösung

(Erläuterungen einiger Positionen und der Rechentechnik im Kalkulationsschema schließen sich an die Lösung an.)

Aufgabe

Wir (Sportgerätegroßhandlung Ingo Windisch) kaufen ein Surfbrett für Extremsurfer zum Einkaufspreis von 1.500,00 €. Unser Lieferant (Surf-GmbH) gewährt 10 % Rabatt und 2 % Skonto. An Bezugskosten fallen 50,00 € an. Wir kalkulieren mit 20 % Handlungskosten und 20 % Gewinn.

Unseren Kunden gewähren wir 2 % Skonto sowie 15 % Rabatt.

Ermitteln Sie den Nettoverkaufspreis (= Verkaufspreis ohne Umsatzsteuer vor Abzug von Kundenrabatt und Kundenskonto).

Lösung

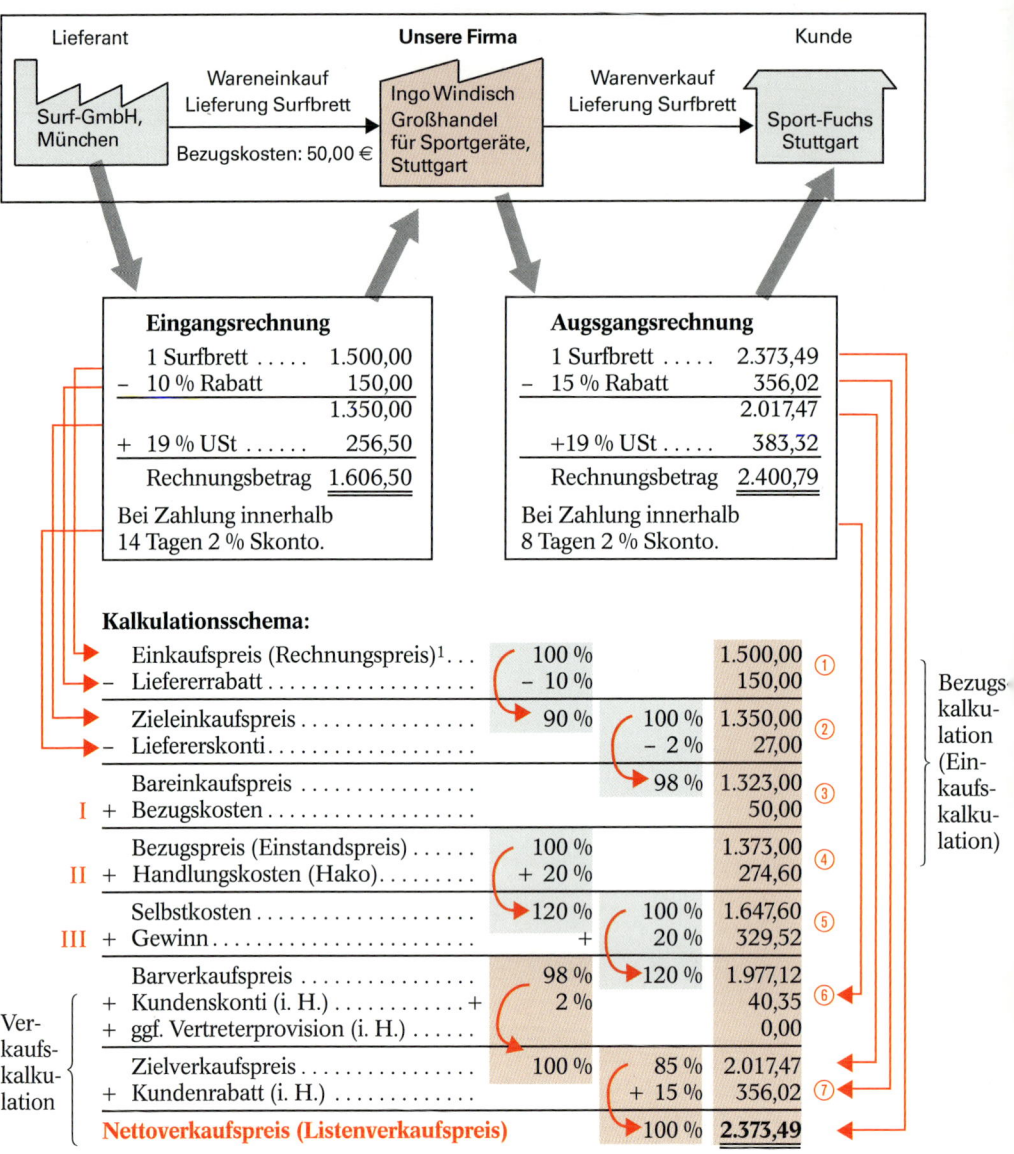

Kalkulationsschema:				
Einkaufspreis (Rechnungspreis)[1] . . .	100 %		1.500,00	①
– Liefererrabatt	– 10 %		150,00	
Zieleinkaufspreis	90 %	100 %	1.350,00	②
– Liefererskonti		– 2 %	27,00	
Bareinkaufspreis		98 %	1.323,00	③
I + Bezugskosten			50,00	
Bezugspreis (Einstandspreis)	100 %		1.373,00	④
II + Handlungskosten (Hako)	+ 20 %		274,60	
Selbstkosten	120 %	100 %	1.647,60	⑤
III + Gewinn	+	20 %	329,52	
Barverkaufspreis	98 %	120 %	1.977,12	⑥
+ Kundenskonti (i. H.) . . . . +	2 %		40,35	
+ ggf. Vertreterprovision (i. H.)			0,00	
Zielverkaufspreis	100 %	85 %	2.017,47	
+ Kundenrabatt (i. H.)		+ 15 %	356,02	⑦
Nettoverkaufspreis (Listenverkaufspreis)		100 %	**2.373,49**	

Erläuterungen einiger Positionen im Kalkulationsschema

I. **Bezugskosten:** Alle Kosten, die wir für den Transport der Ware tragen müssen.

Beispiele:

Fracht, Rollgeld, Verladekosten, Transportversicherung, Zoll, Verpackungskosten.

---

1 Der Rechnungspreis wird auch als **Listenpreis** bezeichnet.

5107126

II. **(Allgemeine) Handlungskosten:** Im Kontenrahmen werden eine Reihe von Kosten aufgeführt, die ebenfalls über die Verkaufspreise wieder „verdient" werden müssen.

Beispiele:

Personalkosten
Mieten
Werbe- und Reisekosten
Transportkosten

Fuhrparkkosten
Allgemeine Verwaltungskosten
Abschreibungen

In der Kalkulation bezeichnet man diese Kostenarten als **Handlungskosten.**

Eine Ausnahme bilden die gebuchten Kosten auf dem Konto

Vertriebsprovisionen.

Sie werden im Kalkulationsschema i. d. R. nicht unter der Position Handlungskosten aufgeführt, sondern gesondert unter „Vertreterprovision" kalkuliert.

> **Merke** **Zu den Handlungskosten zählt die Summe aller Kosten außer dem Konto Vertriebsprovisionen.**

Anmerkung: Zur Ermittlung des Handlungskostenzuschlagsatzes aus den Zahlen der Buchführung vgl. Abschnitt 12.5, S. 143 f.

III. **Gewinn:** Jeder Unternehmer erwartet, dass sein **Kapitaleinsatz,** seine **Arbeitsleistung** sowie seine Bereitschaft zum **Unternehmerrisiko** durch einen angemessenen Gewinn honoriert werden. In der Kalkulation werden diese Gewinnbestandteile durch einen Gewinnzuschlag berücksichtigt.

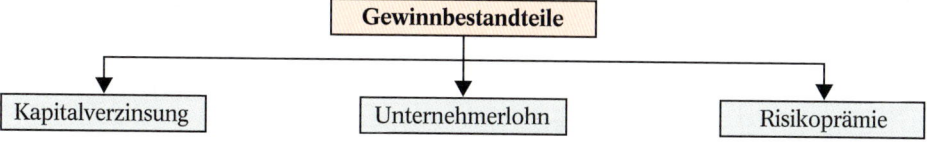

Erläuterungen zur Rechentechnik im Kalkulationsschema bei der Vorwärtskalkulation

Bis zum Barverkaufspreis wird bei der Vorwärtskalkulation die **Prozentrechnung vom Hundert** angewendet.

① **Ermittlung des Liefererrabattes:**

$$100\,\% \triangleq 1.500,00$$
$$10\,\% \triangleq x$$
$$x = \frac{1.500,00 \cdot 10}{100} = \underline{\underline{150,00\,€}}$$

② **Ermittlung des Liefererskontos:**

$$100\,\% \triangleq 1.350,00$$
$$2\,\% \triangleq x$$
$$x = \frac{1.350,00 \cdot 2}{100} = \underline{\underline{27,00\,€}}$$

③ Die **Bezugskosten** werden entweder in einem €-Betrag vorgegeben oder in Prozent des Bareinkaufspreises kalkuliert.

④ **Ermittlung der Handlungskosten:**

$$100\,\% \triangleq 1.373,00$$
$$20\,\% \triangleq x$$
$$x = \frac{1.373,00 \cdot 20}{100} = \underline{\underline{274,60\,€}}$$

⑤ **Ermittlung des Gewinnes:**

$$\begin{array}{ll} 100\,\% & \triangleq\ 1.647{,}60 \\ 20\,\% & \triangleq\ x \end{array} \qquad x = \frac{1.647{,}60 \cdot 20}{100} = \underline{\underline{329{,}52\ €}}$$

Anmerkung: Beim Kauf von Waren wird Kapital gebunden, welches erst wieder durch den Verkauf der Ware über den Verkaufspreis frei wird. Für die Zeit der Lagerung sind daher Zinsaufwendungen zu berücksichtigen.

Im Normalfall sind diese Zinsaufwendungen in den Handlungskosten enthalten. Bei überdurchschnittlich langer Lagerdauer einer Ware erfolgt eine gesonderte Berücksichtigung unter der Position „Lagerzinsen". Das Kalkulationsschema wird in diesem Fall erweitert:

.
.
.

	Bezugspreis (Einstandspreis)
+	Handlungskosten
	Selbstkosten am Einkaufstag
+	Lagerzinsen
	Selbstkosten am Verkaufstag
+	Gewinn
	Barverkaufspreis

.
.
.

⑥ Nach der Ermittlung des Barverkaufspreises wird bei der Vorwärtskalkulation die **Prozentrechnung im Hundert** angewendet.

Ermittlung des Kundenskontos: Unser Kunde (Sport-Fuchs), der unsere Ausgangsrechnung innerhalb von 8 Tagen unter Abzug von 2 % Skonto begleicht, ermittelt den Skonto brutto aus 2.302,09 € bzw. – entscheidend für die Kalkulation – netto aus 2.017,47 €. Die Grundlage für die Ermittlung des Kundenskontos ist somit der Zielverkaufspreis (= 100 %):

$$\begin{array}{ll} 100\,\% & \triangleq\ 2.017{,}47 \longrightarrow \text{Zielverkaufspreis} \\ 2\,\% & \triangleq\ x \end{array}$$

$$x = \frac{2.017{,}47 \cdot 2}{100} = \underline{\underline{40{,}35\ €}}\ \text{Skonto netto}$$

Bei der Vorwärtskalkulation ist zunächst nur der Barverkaufspreis bekannt, der Zielverkaufspreis gesucht. Folgende **Prozentrechnung im Hundert** ist somit bei der Berechnung des Skontos durchzuführen (Barverkaufspreis = Zielverkaufspreis – Kundenskonto = 100 % – 2 % = 98 %):

$$\begin{array}{ll} 98\,\% & \triangleq\ 1.977{,}12 \\ 2\,\% & \triangleq\ x \end{array} \qquad x = \frac{1.977{,}12 \cdot 2}{98} = \underline{\underline{40{,}35\ €}}\ \text{Skonto netto}$$

Eine gegebenenfalls anzusetzende **Vertreterprovision** wird ebenfalls vom Zielverkaufspreis gewährt, sodass beide Prozentsätze zusammengefasst werden können.

⑦ **Ermittlung des Kundenrabattes:** In unserer Ausgangsrechnung gewähren wir den Rabatt vom Nettoverkaufspreis, der daher 100 % entspricht.

Bei der Vorwärtskalkulation ist zunächst nur der Zielverkaufspreis bekannt, der Nettoverkaufspreis gesucht. Folgende **Prozentrechnung im Hundert** ist somit zur Berechnung des Kundenrabattes durchzuführen (Zielverkaufspreis = Nettoverkaufspreis – Kundenrabatt = 100 % – 15 % = 85 %):

$$\begin{array}{ll} 85\,\% & \triangleq\ 2.017{,}47 \\ 15\,\% & \triangleq\ x \end{array} \qquad x = \frac{2.017{,}47 \cdot 15}{85} = \underline{\underline{356{,}02\ €}}$$

5107128

1. Bei gegebenem Einkaufspreis und gesuchtem Verkaufspreis kalkulieren wir von oben nach unten (= Vorwärtskalkulation bzw. progressive Kalkulation):

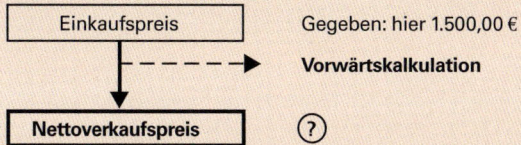

2. Die Umsatzsteuer ist kein Kostenbestandteil, sondern lediglich ein durchlaufender Posten. Sie ist daher nicht in die Kalkulation miteinzubeziehen.

3. Es empfiehlt sich, zunächst das Kalkulationsschema ohne Zahlen aufzustellen. Achten Sie darauf, dass die Reihenfolge streng eingehalten wird.

4. Folgende Prozentrechnungen kommen bei der Vorwärtskalkulation zur Anwendung:

bis Barverkaufspreis → Prozentrechnung vom Hundert
nach Barverkaufspreis → Prozentrechnung im Hundert

Übungen

1. Ermitteln Sie den **Bezugspreis (Einstandspreis).**

	Einkaufs-preis €	Lieferer-rabatt	Lieferer-skonto	Bezugs-kosten €
a)	9.400,00	30 %	3 %	40,00
b)	16.800,00	15 %	2 %	1.420,00
c)	740,00	5 %	2 %	15,00
d)	1.250,00	40 %	1 %	75,00
e)	280,00	–	3 %	9,00

2. Ermitteln Sie den **Barverkaufspreis.**

	Einkaufs-preis €	Lieferer-rabatt	Lieferer-skonto	Bezugs-kosten	Handlungs-kosten	Lager-zinsen	Gewinn
a)	940,00	20 %	3 %	22,00	20 %	–	12 %
b)	4.210,00	15 %	2 %	110,00	25 %	–	10 %
c)	1.130,00	40 %	2 %	40,00	40 %	2 %	20 %
d)	11.300,00	5 %	3 %	140,00	$16\frac{2}{3}$ %	7 %	18 %
e)	420,00	10 %	2,5 %	4,00	12 %	–	8 %

3. Ermitteln Sie den **Nettoverkaufspreis.**

Einkaufs-preis €	Lieferer-rabatt	Lieferer-skonto	Bezugs-kosten €	Handlungs-kosten	Lager-zinsen	Gewinn	Kunden-skonto	Vertreter-provision	Kunden-rabatt
a) 3.200,00	10 %	2 %	25,00	20 %	–	15 %	3 %	–	15 %
b) 940,00	15 %	3 %	14,00	17 %	–	25 %	2 %	–	20 %
c) 470,00	–	2,5 %	32,00	12 %	–	12 %	1,5 %	7,5 %	5 %
d) 80,00	12 %	1,5 %	6,00	14 %	6 %	10 %	2,5 %	9 %	10 %
e) 8.200,00	30 %	3 %	75,00	28 %	8 %	14 %	2 %	10 %	35 %

4. Kalkulieren Sie den **Nettoverkaufspreis.**
   - Kundenrabatt .... 25 %
   - Liefererskonto .... 2 %
   - Gewinn .... 17 %
   - Bezugskosten .... 50,00 €

   - Einkaufspreis .... 15.380,00 €
   - Liefererrabatt ...... 20 %
   - Kundenskonto..... 3 %
   - Handlungskosten ... 25 %

5. Kalkulieren Sie den **Nettoverkaufspreis.**
   - Liefererrabatt .... 15 %
   - Vertreterprovision .... 9 %
   - Handlungskosten .... 18 %
   - Kundenskonto .... 2,5 %
   - Lagerzinsen .... 5 %

   - Gewinn .... 8 %
   - Einkaufspreis .... 8.300,00 €
   - Liefererskonto .... 3 %
   - Kundenrabatt .... 8 %
   - Bezugskosten .... 75,00 €

6. Unsere Sportgerätegroßhandlung kauft 20 Sprossenwände zum Einkaufspreis von insgesamt 4.100,00 €. Der Lieferant gewährt 15 % Rabatt und 2 % Skonto. An Bezugskosten fallen insgesamt 74,00 € an. Wir kalkulieren mit 18 % Handlungskosten und 16 % Gewinn. Unseren Kunden gewähren wir 2,5 % Skonto sowie 20 % Rabatt. Kalkulieren Sie den Nettoverkaufspreis für eine Sprossenwand.

7. Unser Lieferant bietet uns 50 Paar Marathonlaufschuhe zu 60,00 € je Paar ab Werk an. Er gewährt 25 % Liefererrabatt und 2 % Liefererskonto. Die Bezugskosten betragen 16,00 €.
   Wir kalkulieren mit 35 % Handlungskosten und 12 % Gewinn. Zu welchem Nettoverkaufspreis bieten wir unseren Kunden ein Paar Schuhe an, wenn wir 2,5 % Kundenskonto und 20 % Rabatt gewähren?

8. Der Markisengroßhändler Günther Schlenz bezieht von der Markisenfabrik Sonnenschutz GmbH 50 Markisen zu 890,00 € je Stück ab Werk, Liefererrabatt 20 %, Liefererskonto 2,5 %. Für die Gesamtlieferung fallen 460,00 € Fracht, 40,00 € Transportversicherung und 70,00 € Verpackungskosten an. Schlenz kalkuliert mit 14 % Handlungskosten, 12 % Gewinn, 2 % Kundenskonto, 5 % Vertreterprovision und 10 % Kundenrabatt. Kalkulieren Sie den Nettoverkaufspreis je Markise.

9. Eine Großhandlung für Büroartikel kauft 500 Vierfarbstifte zum Einkaufspreis von 3,15 € je Stück, Mengenrabatt 16 %. Die Bezugskosten belaufen sich auf 17,10 €.
   Zu welchem Nettoverkaufspreis erhält ein Kaufhaus 350 Stück, wenn die Großhandlung 18 % Rabatt und 2,5 % Skonto gewährt sowie mit 16,5 % Handlungskosten und 12 % Gewinn kalkuliert?

10. Unser Lieferant gewährt bei Bodenseeweinen folgende Mengenrabatte (Einkaufspreis je Flasche 3,10 €):

 5107130

Bei Abnahme von mind.	Mengenrabatt	Bei Abnahme von mind.	Mengenrabatt
100 Flaschen	5 %	2 000 Flaschen	15 %
400 Flaschen	8 %	3 000 Flaschen	20 %
1 000 Flaschen	12 %		

Sonstige Zahlungsbedingungen: Bei Zahlung innerhalb von 14 Tagen unter Abzug von 2 % Skonto.

Lieferungsbedingungen: Lieferung ab Lager

Wir beziehen 1 600 Flaschen und ziehen Skonto ab. Die Transportkosten betragen 224,80 € ohne Umsatzsteuer. Für Transportversicherung werden 65,00 € berechnet.

Zu welchem Nettoverkaufspreis bieten wir eine Flasche an, wenn wir mit 22 % Handlungskosten, 6 % Lagerzinsen, 14 % Gewinn, 3 % Kundenskonto, 6 % Vertreterprovision und 5 % Kundenrabatt kalkulieren?

12.2 Die Rückwärtskalkulation
(Retrograde Kalkulation)

Die Sportgerätegroßhandlung Ingo Windisch erfährt, dass die Konkurrenz Windsurfbretter für Extremsurfer zum Nettoverkaufspreis von 2.200,00 € anbietet. Um keine Kunden zu verlieren, muss sich Herr Windisch zwangsläufig diesem Verkaufspreis anpassen. Er möchte jedoch seine kalkulierte Gewinnspanne von 20 % sowie die restlichen Kalkulationssätze beibehalten. Für ihn stellt sich somit die Frage, zu welchem Einkaufspreis er das Surfbrett höchstens einkaufen kann. Er wird dann versuchen den ermittelten Einkaufspreis bei seinem Lieferanten durchzusetzen.

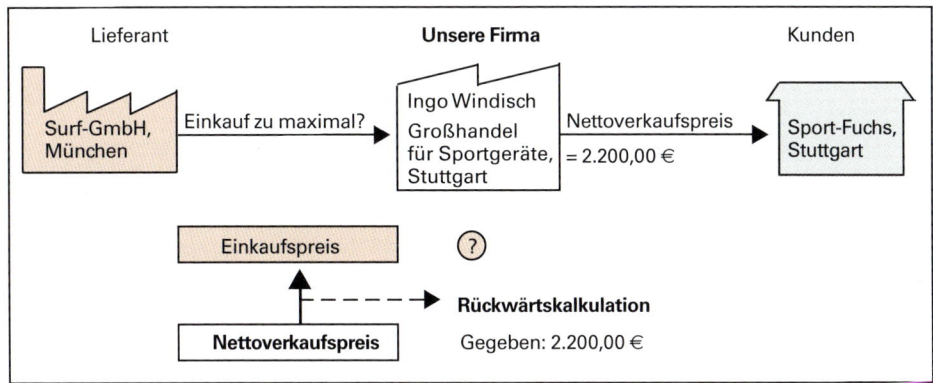

Beispiel mit Lösung

Aufgabe: Firma Ingo Windisch, Großhandel für Sportgeräte, ist durch die Konkurrenz gezwungen ein Surfbrett für Extremsurfer zum Nettoverkaufspreis von 2.200,00 € zu veräußern. Herr Windisch möchte ermitteln, zu welchem Einkaufspreis er das Surfbrett höchstens einkaufen kann, wenn er mit folgenden Größen rechnet:

- Liefererrabatt ...... 10 %
- Liefererskonto ..... 2 %
- Bezugskosten ...... 50,00 €
- Handlungskosten ... 20 %

- Gewinn .... 20 %
- Kundenskonto .... 2 %
- Kundenrabatt .... 15 %

Lösung

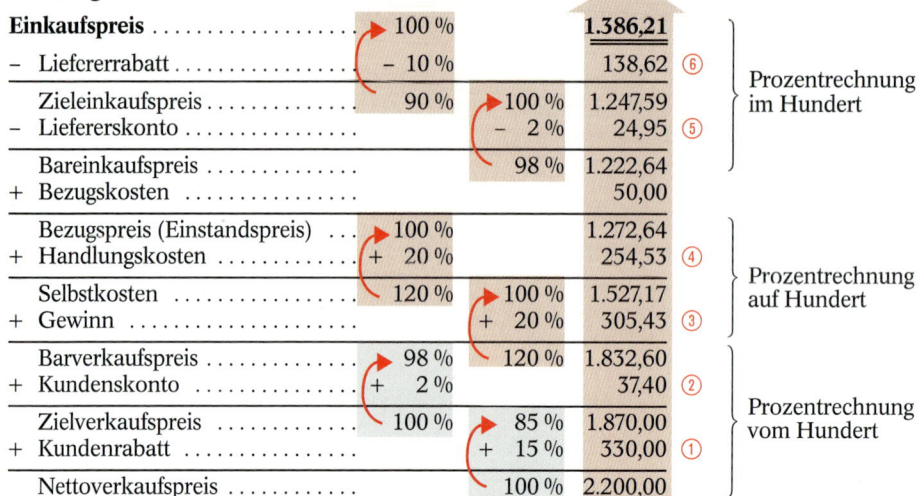

Einkaufspreis	100 %	**1.386,21**	
− Liefcrerrabatt	− 10 %	138,62	⑥
Zieleinkaufspreis	90 % ▸100 %	1.247,59	
− Liefererskonto	− 2 %	24,95	⑤
Bareinkaufspreis	98 %	1.222,64	
+ Bezugskosten		50,00	
Bezugspreis (Einstandspreis) ...	100 %	1.272,64	
+ Handlungskosten	+ 20 %	254,53	④
Selbstkosten	120 % ▸100 %	1.527,17	
+ Gewinn	+ 20 %	305,43	③
Barverkaufspreis	98 % 120 %	1.832,60	
+ Kundenskonto	+ 2 %	37,40	②
Zielverkaufspreis	100 % ▸ 85 %	1.870,00	
+ Kundenrabatt	+ 15 %	330,00	①
Nettoverkaufspreis	100 %	2.200,00	

Prozentrechnung im Hundert

Prozentrechnung auf Hundert

Prozentrechnung vom Hundert

Ergebnis: Der Einkaufspreis darf höchstens 1.386,21 € betragen.

Erläuterungen zur Rechentechnik im Kalkulationsschema bei der Rückwärtskalkulation

① **Ermittlung des Kundenrabattes**
(Prozentrechnung vom Hundert)

100 % ≙ 2.200,00

15 % ≙ x

$$x = \frac{2.200,00 \cdot 15}{100} = \underline{330,00 \, €}$$

② **Ermittlung des Kundenskontos**
(Prozentrechnung vom Hundert)

100 % ≙ 1.870,00

2 % ≙ x

$$x = \frac{1.870,00 \cdot 2}{100} = \underline{37,40 \, €}$$

③ **Ermittlung des Gewinnes**
(Prozentrechnung auf Hundert)

120 % ≙ 1.832,60

20 % ≙ x

$$x = \frac{1.832,60 \cdot 20}{120} = \underline{305,43 \, €}$$

④ **Ermittlung der Handlungskosten**
(Prozentrechnung auf Hundert)

120 % ≙ 1.527,17

20 % ≙ x

$$x = \frac{1.527,17 \cdot 20}{120} = \underline{254,53 \, €}$$

⑤ **Ermittlung des Liefererskontos**
(Prozentrechnung im Hundert)

98 % ≙ 1.222,64

2 % ≙ x

$$x = \frac{1.222,64 \cdot 2}{98} = \underline{24,95 \, €}$$

⑥ **Ermittlung des Liefererrabattes**
(Prozentrechnung im Hundert)

90 % ≙ 1.247,59

10 % ≙ x

$$x = \frac{1.247,59 \cdot 10}{90} = \underline{138,62 \, €}$$

5107132

1. Bei gegebenem Nettoverkaufspreis und gesuchtem Einkaufspreis kalkulieren wir von unten nach oben (= Rückwärtskalkulation bzw. retrograde Kalkulation).

2. Es empfiehlt sich, zunächst das Kalkulationsschema ohne Zahlen aufzustellen.

3. Folgende Prozentrechnungen kommen zur Anwendung:

   bis Barverkaufspreis → Prozentrechnung vom Hundert
   bis Bezugspreis → Prozentrechnung auf Hundert
   bis Einkaufspreis → Prozentrechnung im Hundert

Übungen

1. Ermitteln Sie den **Einkaufspreis,** den der Großhändler höchstens aufwenden wird.

Netto-verkaufs-preis €	Kunden-rabatt	Kunden-skonto	Gewinn	Hand-lungs-kosten	Bezugs-kosten €	Lieferer-skonto	Lieferer-rabatt
a) 6.200,00	8 %	2 %	24 %	45 %	34,00	1 %	10 %
b) 600,00	10 %	3 %	16 %	22 %	42,00	2 %	12 %
c) 3.870,00	7,5 %	3 %	7 %	25 %	92,00	3 %	8 %
d) 115,00	18 %	2,5 %	20 %	17 %	5,20	2 %	20 %
e) 11.350,00	23 %	1 %	10 %	13 %	189,00	2 %	20 %

2. Ein Großhändler für Sportgeräte muss aus Konkurrenzgründen eine Sprossenwand zum Nettoverkaufspreis von 205,00 € anbieten. Auf welchen Einkaufspreis muss er beim Lieferanten dringen, wenn er mit 25 % Kundenrabatt, 3 % Kundenskonto, 16 % Gewinn, 18 % Handlungskosten, 18,00 € Bezugskosten, 2,5 % Liefererskonto und 20 % Liefererrabatt rechnet?

3. Ein Möbelgroßhändler will einen Bauernschrank für 6.000,00 € veräußern. Er rechnet mit 2 % Kundenskonto, 15 % Gewinn, 18,5 % Handlungskosten, 125,00 € Bezugskosten, 2,5 % Liefererskonto und 5 % Liefererrabatt. Zu welchem Einkaufspreis wird der Großhändler höchstens einkaufen?

4. Ein Großhändler bietet bisher eine Packung Babywindeln zum Nettoverkaufspreis von 21,00 € an. Der Preis soll um 10 % gesenkt werden. Welche Einkaufspreissenkung in Euro und Prozent muss er bei seinem Lieferanten durchsetzen, wenn er mit 5 % Kundenrabatt, 2 % Kundenskonto, 9 % Gewinn, 21 % Handlungskosten, 1,40 € Bezugskostenanteil je Packung, 2 % Liefererskonto und 7 % Liefererrabatt rechnet?

5. Eine Spielwarenfabrik bietet der Spielwarengroßhandlung Emil Grünfink Riesenteddybären zum Einkaufspreis von 128,50 € je Stück frei Haus an. Der Hersteller gewährt bei einer Abnahme von mindestens 200 Stück 8 % Rabatt und bei Zahlung innerhalb von 10 Tagen 2 % Skonto.

Kann der Großhändler das Angebot annehmen, wenn er 200 Stück Teddybären in Auftrag geben würde und mit 15 % Handlungskosten, 8 % Gewinn, 2,5 % Kundenskonto, 5 % Kundenrabatt und einem Nettoverkaufspreis von 150,00 € rechnet? (Begründung)

12.3 Die Differenzkalkulation

Unsere Sportgerätegroßhandlung erwirbt ein Surfbrett für Extremsurfer zum Einkaufspreis (Rechnungspreis) von 1.450,00 €. Aus Konkurrenzgründen können wir das Surfbrett nur zu einem Nettoverkaufspreis von 2.200,00 € veräußern.

Es stellt sich somit die Frage, welchen Gewinn in Euro und Prozent wir bei sonst unveränderten Kalkulationssätzen erzielen.

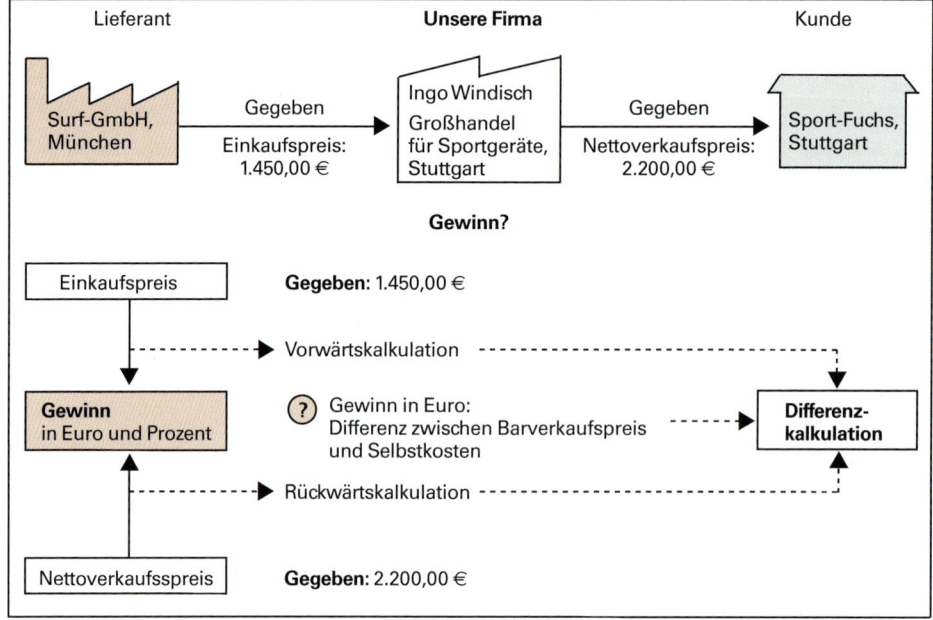

Beispiel mit Lösung

Aufgabe

Unsere Sportgerätegroßhandlung kauft ein Surfbrett zum Einkaufspreis von 1.450,00 €. Der Nettoverkaufspreis liegt aus Konkurrenzgründen bei 2.200,00 €.

Unser Lieferer gewährt 10 % Rabatt und 2 % Skonto. Die Bezugskosten betragen 50,00 €. Wir kalkulieren mit einem Handlungskostenzuschlagssatz von 20 % und gewähren unserem Kunden 2 % Skonto und 15 % Rabatt.

Welchen Gewinn in Euro und Prozent erzielen wir?

Lösung

Einkaufspreis	100 %			1.450,00
− Lieferrabatt	− 10 %			145,00
Zieleinkaufspreis	90 %	100 %		1.305,00
− Lieferskonto...........		− 2 %		26,10
Bareinkaufspreis		98 %		1.278,90
+ Bezugskosten				50,00
Bezugspreis	100 %			1.328,90
+ Handlungskosten	+ 20 %			265,78
Selbstkosten	120 %	100 %		1.594,68
+ Gewinn		?	= 14,92 %	237,92
Barverkaufspreis	98 %			1.832,60
+ Kundenskonto	+ 2 %			37,40
Zielverkaufspreis	100 %	85 %		1.870,00
+ Kundenrabatt		+ 15 %		330,00
Nettoverkaufspreis		100 %		2.200,00

Ermittlung des Gewinnes in €:

$$\text{Gewinn} = \text{Barverkaufspreis} - \text{Selbstkosten}$$
$$= \quad 1.832,60 \quad - \quad 1.594,68 \quad = \underline{237,92 \text{ €}}$$

Ermittlung des Gewinnes in Prozent:

Selbstkosten: 1.594,68 = 100 %
Gewinn: 237,92 = x %

$$x = \frac{100 \cdot 237,92}{1.594,68} = \underline{\underline{14,92 \%}}$$

Übungen

1. Ermitteln Sie den Gewinn in € und Prozent.

	Einkaufs-preis €	Lieferer-rabatt	Lieferer-skonto	Bezugs-kosten €	Hand-lungs-kosten	Lager-zinsen	Kunden-skonto	Vertreter-provision	Kunden-rabatt	Netto-verkaufs-preis €
a)	1.900,00	15 %	2 %	45,00	17 %	–	3 %	–	20 %	2.700,00
b)	760,00	10 %	3 %	11,00	20 %	–	2 %	–	5 %	910,00
c)	18.350,00	20 %	2,5 %	480,00	25 %	–	3 %	–	15 %	20.400,00
d)	98,00	12 %	2 %	4,00	15 %	–	1 %	5 %	20 %	175,00
e)	935,00	40 %	3 %	14,00	22 %	4 %	3 %	6 %	30 %	1.250,00

2. Unsere Sportgerätegroßhandlung kauft Skistiefel zum Einkaufspreis von 205,00 € je Paar. Der Nettoverkaufspreis muss wegen der Konkurrenz mit 270,00 € angesetzt werden.

Der Hersteller gewährt 12 % Rabatt und 3 % Skonto. Die Bezugskosten betragen 3,20 €. Wir kalkulieren mit 18 % Handlungskosten und gewähren unseren Kunden 2 % Skonto und 10 % Rabatt.

Welchen Gewinn in Euro und Prozent erzielen wir?

3. Eine Spielwarenfabrik bietet der Spielwarengroßhandlung Emil Grünfin Schaukelpferde zum Einkaufspreis von 260,00 € je Stück an. Welchen Gewinn in Euro und Prozent erzielt der Großhändler, wenn er mit 20 % Handlungskosten, 2 % Kunden- und Liefererskonto, 12 % Kundenrabatt, 14 % Lieferrrabatt und 12,00 € Transportkosten rechnet? Andere Großhändler veräußern das Schaukelpferd zum Nettoverkaufspreis von 410,00 €. Herr Grünfink passt sich diesem Preis an.

4. Eine Spielwarenfabrik bietet dem Spielwarengroßhändler Franz Pfeiffer Kinderpfeifen zu 200,00 € für 100 Stück an und gewährt bei Abnahme von mindestens 600 Stück 15 % Mengenrabatt.

   Zahlungsbedingungen der Spielwarenfabrik: „Bei Zahlung innerhalb von 14 Tagen Abzug von 2 % Skonto oder innerhalb 30 Tagen netto."

   Lieferbedingungen: Lieferung ab Werk.

   Der Spielwarengroßhändler Pfeiffer räumt seinen Einzelhandelskunden 30 % Rabatt und 3 % Skonto ein. Als Nettoverkaufspreis kann er je Stück höchstens 3,40 € erzielen.

   Wie hoch ist sein Gesamtgewinn in Euro und Prozent, wenn Pfeiffer 800 Stück bestellt, innerhalb von 14 Tagen zahlt, Bezugskosten von 12,00 € verausgabt und mit einem Handlungskostenzuschlag von 20 % rechnet?

5. Der Markisengroßhändler Günther Schlenz erhält vom Hersteller bei der Abnahme von 8 Markisen auf den Einkaufspreis von 1.140,00 € je Stück 10 % Rabatt und 2 % Skonto bei Zahlung innerhalb 14 Tagen. An Bezugskosten fallen für die Gesamtlieferung 45,00 € an. Schlenz kalkuliert mit 21 % Handlungskosten, 12 % Gewinn, 3 % Kundenskonto und 12 % Kundenrabatt.

   a) Wie hoch ist sein Nettoverkaufspreis je Stück?

   b) Aus Konkurrenzgründen muss Schlenz ein halbes Jahr später seinen Nettoverkaufspreis auf 1.500,00 € festlegen.

      Welchen Gewinn je Stück in Euro und Prozent erzielt er, wenn er seine bisherigen Kalkulationssätze beibehält?

6. a) Ein Elektrogroßhändler bezieht einen Kühlschrank zum Einkaufspreis von 640,00 €. Er erhält 40 % Rabatt, 2 % Skonto und rechnet mit 30 % Handlungskostenzuschlag sowie Bezugskosten von 44,50 €. Er gewährt seinen Kunden 2 % Skonto und 15 % Rabatt bei einem Nettoverkaufspreis von 800,00 €.

      Ermitteln Sie den Gewinn in Euro und Prozent.

   b) Ein Konkurrent verkauft einen vergleichbaren Kühlschrank zum Nettoverkaufspreis von 750,00 €. Um konkurrenzfähig zu bleiben, passt der Großhändler seinen Nettoverkaufspreis an.

   – Wie viel Prozent beträgt sein neuer Gewinn?

   – Wie hoch ist sein Gewinnrückgang in Prozent?

12.4 Die Vereinfachung der Kalkulation ab Bezugspreis

12.4.1 Die Vereinfachung der Vorwärtskalkulation
(Kalkulationszuschlag und Kalkulationsfaktor)

Problemstellung

Bei unserer Sportgerätegroßhandlung Ingo Windisch gelten die Prozentsätze für die Handlungskosten, den Gewinn, Kundenskonto und Kundenrabatt bei den meisten Waren für einen längeren Zeitraum. Um nicht bei jedem Artikel immer von neuem eine vollständige Kalkulation mit größtenteils gleichen Zuschlagsätzen durchführen zu müssen, vereinfacht Herr Windisch – wie dies in der Praxis üblich ist – die Rechnung ab Bezugspreis (Einstandspreis). Er fasst die einzelnen prozentualen Zuschläge zu einem Gesamtprozentsatz zusammen.

Den Gesamtprozentsatz zur Vereinfachung der Vorwärtskalkulation nennt man **Kalkulationszuschlag.**

Beispiel mit Lösung

Aufgabe

Unsere Sportgerätegroßhandlung Ingo Windisch kalkuliert mit 20 % Handlungskosten, 20 % Gewinn, 2 % Kundenskonto und 15 % Kundenrabatt.
Wie viel Prozent beträgt der Kalkulationszuschlag?

Lösung

Aus Vereinfachungsgründen wird ein Bezugspreis von 100,00 € unterstellt:

Bezugspreis (Einstandspreis)		**100,00**
+ Handlungskosten	20 %	20,00
Selbstkosten		120,00
+ Gewinn	20 %	24,00
Barverkaufspreis		144,00
+ Kundenskonto	2 %	2,94
Zielverkaufspreis		146,94
+ Kundenrabatt	15 %	25,93
Nettoverkaufspreis		**172,87**

Nettoverkaufspreis	172,87
– Bezugspreis.................	100,00
Rohgewinn	72,87

Bezugspreis   100,00 $\triangleq$ 100 %
Rohgewinn   72,87 $\triangleq$ x %

$$x = \frac{72,87 \cdot 100}{100,00} = \underline{\underline{72,87\ \%}}\ \textbf{Kalkulationszuschlag}$$

Vereinfachte Rechnung somit:

Bezugspreis	100 %	100,00 €
+ ... Kalkulationszuschlag	72,87 %	72,87 € (Rohgewinn)
Nettoverkaufspreis		172,87 €

Merke

Unter Kalkulationszuschlag versteht man die Differenz zwischen Nettoverkaufspreis und Bezugspreis, ausgedrückt in Prozent des Bezugspreises (Einstandspreises):

$$\text{Kalkulationszuschlag} = \frac{(\text{Nettoverkaufspreis} - \text{Bezugspreis}) \cdot 100}{\text{Bezugspreis}} = \frac{\text{Rohgewinn} \cdot 100}{\text{Bezugspreis}}$$

Anstelle eines Kalkulationszuschlages (Prozentsatz) kann die Rechnung auch mithilfe eines **Kalkulationsfaktors** (Faktor = Vervielfältigungszahl) vereinfacht werden. Wir multiplizieren den Bezugspreis mit dem Kalkulationsfaktor und erhalten sofort den Nettoverkaufspreis:

$$\text{Bezugspreis} \cdot \text{Kalkulationsfaktor} = \text{Nettoverkaufspreis bzw.:}$$

Merke
$$\text{Kalkulationsfaktor} = \frac{\text{Nettoverkaufspreis}}{\text{Bezugspreis}}$$

Einsetzen der Zahlen des obigen Beispiels:

$$\text{Kalkulationsfaktor} = \frac{\text{Nettoverkaufspreis}}{\text{Bezugspreis}} = \frac{172{,}87}{100{,}00} = \underline{1{,}7287}$$

Im obigen Beispiel betrug der Kalkulationszuschlag 72,87 %. Bei gegebenem Kalkulationszuschlag kann somit der Kalkulationsfaktor leicht ermittelt werden:

$$\text{Kalkulationsfaktor} = \frac{72{,}87 + 100}{100} = 1{,}7287$$

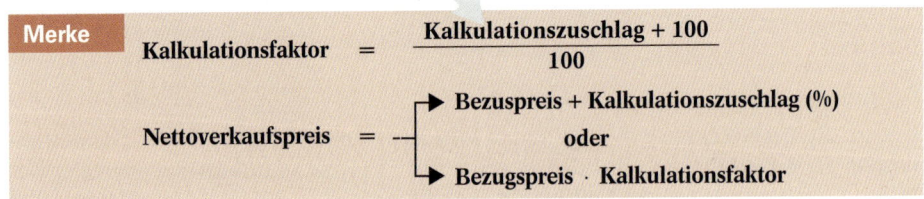

Merke
$$\text{Kalkulationsfaktor} = \frac{\text{Kalkulationszuschlag} + 100}{100}$$

$$\text{Nettoverkaufspreis} = \begin{cases} \text{Bezuspreis} + \text{Kalkulationszuschlag (\%)} \\ \text{oder} \\ \text{Bezugspreis} \cdot \text{Kalkulationsfaktor} \end{cases}$$

Beispiele mit Lösungen

Aufgaben

Lösungen

1. **Gegeben:**

Bezugspreis	1.328,90 €
Nettoverkaufspreis	2.200,00 €

Gesucht:

a) Rohgewinn
b) Kalkulationszuschlag
c) Kalkulationsfaktor

a) Rohgewinn = 2.200,00 − 1.328,90
$$= \underline{871{,}10\,€}$$

b) Kalkulationszuschlag = $\dfrac{871{,}10 \cdot 100}{1.328{,}90}$

$$= \underline{65{,}55\,\%}$$

c) Kalkulationsfaktor = $\dfrac{65{,}55 + 100}{100}$

$$= \underline{1{,}6555}$$

2. **Gegeben:**

17 % Handlungskostenzuschlag
12 % Gewinnzuschlag
 3 % Kundenskonto
25 % Kundenrabatt

Gesucht:

a) Kalkulationszuschlag
b) Kalkulationsfaktor

a) | | | |
|---|---:|---:|
| **Bezugspreis** .... | | 100,00 |
| + Handlungskosten ... | 17 % | 17,00 |
| Selbstkosten .... | | 117,00 |
| + Gewinn .... | 12 % | 14,04 |
| Barverkaufspreis .... | | 131,04 |
| + Kundenskonto ...... | 3 % | 4,05 |
| Zielverkaufspreis .... | | 135,09 |
| + Kundenrabatt .... | 25 % | 45,03 |
| Nettoverkaufspreis ..... | | 180,12 |

Kalkulationszuschlag = $\underline{80{,}12\,\%}$

b) Kalkulationsfaktor $= \dfrac{80{,}12 + 100}{100}$

$$= \underline{1{,}8012}$$

5107138

Übungen

1. Ermitteln Sie den Nettoverkaufspreis.

	a)	b)	c)	d)	e)
Bezugspreis	3.250,00 €	195,00 €	8.470,00 €	105,70 €	877,30 €
Kalkulations- zuschlag	75 %	65 %	86,54 %	73 %	115 %

2. Ermitteln Sie den Nettoverkaufspreis.

	a)	b)	c)	d)	e)
Bezugspreis	1.285,00 €	29,50 €	4.725,00 €	970,00 €	80,30 €
Kalkulations- faktor	1,9125	1,55	1,748	2,85	1,5842

3. Ermitteln Sie den Kalkulationszuschlag und Kalkulationsfaktor.

	a)	b)	c)	d)	e)
Bezugspreis	165,00 €	3.245,00 €	205,00 €	12.750,00 €	10,50 €
Netto- verkaufspreis	215,00 €	3.980,00 €	485,00 €	19.430,00 €	16,20 €

4. Ermitteln Sie den Kalkulationszuschlag und Kalkulationsfaktor.

	a)	b)	c)	d)	e)
Handlungskst.	20 %	25 %	7 %	42 %	32,7 %
Gewinn	8 %	12 %	15 %	18 %	24,5 %
Kundenskonto	2 %	3 %	3 %	2,5 %	1,5 %
Kundenrabatt	35 %	22 %	5 %	15 %	40 %

5. Ermitteln Sie den Bezugspreis.

	a)	b)	c)	d)	e)
Netto- verkaufspreis	7.470,00 €	195,00 €	12,50 €	470,00 €	782,00 €
Kalkulations- zuschlag	51 %	59 %	73 %	134 %	90 %

6. Ermitteln Sie den Bezugspreis.

	a)	b)	c)	d)	e)
Netto- verkaufspreis	790,00 €	1.270,00 €	7,80 €	91,00 €	12.720,00 €
Kalkulations- faktor	1,58	1,9245	2,31	1,625	1,7251

7. Die Skigroßhandlung Rasant Ski GmbH bezieht Rennskier zum Einkaufspreis von 410,00 €. Der Hersteller gewährt 15 % Liefererrabatt und 2 % Liefererskonto. Der Bezugskostenanteil pro Paar Ski beträgt 7,90 €.

Der Großhändler rechnet mit 25 % Handlungskosten, 22 % Gewinn, 3 % Kundenskonto, 8 % Vertreterprovision und 10 % Kundenrabatt.

a) Welchen Nettoverkaufspreis berechnet der Großhändler seinen Einzelhändlerkunden?

b) Ermitteln Sie zur Vereinfachung der Kalkulation den Kalkulationszuschlag und Kalkulationsfaktor.

12.4.2 Die Vereinfachung der Rückwärtskalkulation (Handelsspanne)

Den Gesamtprozentsatz zur Vereinfachung der Rückwärtskalkulation nennt man **Handelsspanne.**

Beispiel mit Lösung

Aufgabe

Unsere Sportgerätegroßhandlung Ingo Windisch kalkuliert wieder mit 20 % Handlungskosten, 20 % Gewinn, 2 % Kundenskonto und 15 % Kundenrabatt.
Wie viel Prozent beträgt die Handelsspanne?

Lösung

Aus Vereinfachungsgründen wird ein Nettoverkaufspreis von 100,00 € unterstellt:

Bezugspreis		57,85
+ Handlungskosten	20 %	11,57
Selbstkosten		69,42
+ Gewinn	20 %	13,88
Barverkaufspreis		83,30
+ Kundenskonto	2 %	1,70
Zielverkaufspreis		85,00
+ Kundenrabatt	15 %	15,00
Nettoverkaufspreis		**100,00**

Nettoverkaufspreis		100,00
– Bezugspreis		57,85
Rohgewinn		42,15
Nettoverkaufspreis . . .	100,00	= 100 %
Rohgewinn	42,15	= x %

$$x = \frac{42{,}15 \cdot 100}{100{,}00} = \underline{\underline{42{,}15\,\%}}$$

Handelsspanne

Vereinfachte Rechnung somit:

Bezugspreis		57,85 €	
+ Handelsspanne	42,15 %	42,15 €	(Rohgewinn)
Nettoverkaufspreis	100 %	100,00 €	

> **Merke**
>
> Unter Handelsspanne versteht man die Differenz zwischen Nettoverkaufspreis und Bezugspreis, ausgedrückt in Prozent des Nettoverkaufspreises:
>
> $$\text{Handelsspanne} = \frac{(\text{Nettoverkaufspreis} - \text{Bezugspreis}) \cdot 100}{\text{Nettoverkaufspreis}} = \frac{\text{Rohgewinn} \cdot 100}{\text{Nettoverkaufspreis}}$$

Beispiel mit Lösung

Aufgabe Gegeben: Kalkulationszuschlag 25 %   Gesucht: a) Kalkulationsfaktor
b) Handelsspanne

Lösung

a) Kalkulationsfaktor $= \dfrac{25 + 10}{100} = \underline{\underline{1,25}}$

b)
Bezugspreis (angenommen)	100,00 €
+ 25 % Kalkulationszuschlag	25,00 €
Nettoverkaufspreis	125,00 €

Nettoverkaufspreis .... $\quad$ 125,00 $\quad = \quad$ 100 %
Rohgewinn .... $\quad$ 25,00 $\quad = \quad$ x $\quad$%

$$x = \frac{100 \cdot 25,00}{125,00} = \frac{250}{1,25} = \underline{\underline{20 \%}}$$

Handelsspanne

| **Merke** | **Handelsspanne** | $=$ | $\dfrac{\textbf{Kalkulationszuschlag}}{\textbf{Kalkulationsfaktor}}$ |

Übungen

1. Ermitteln Sie den Bezugspreis.

	a)	b)	c)	d)	e)
Netto-verkaufspreis	640,00 €	990,00 €	12,20 €	1.380,00 €	85,00 €
Handels-spanne	42 %	34 %	61 %	75 %	35 %

2. Ermitteln Sie die Handelsspanne.

	a)	b)	c)	d)	e)
Netto-verkaufspreis	670,00 €	4,70 €	9.870,00 €	2.250,00 €	115,00 €
Bezugspreis	410,00 €	3,10 €	5.220,00 €	1.845,00 €	65,00 €

3. Berechnen Sie die Handelsspanne.

	a)	b)	c)	d)
Kalkulations-zuschlag	63,5 %	74,85 %	49,7 %	112,2 %
Kalkulations-faktor	1,635	1,7485	1,497	2,122

4. Ermitteln Sie den Nettoverkaufspreis.

	a)	b)	c)	d)
Bezugspreis	870,00 €	430,00 €	5.700,00 €	15,10 €
Handels-spanne	45 %	52 %	72 %	44 %

5. Berechnen Sie aus folgenden Zuschlagsätzen die Handelsspanne.

	a)	b)	c)	d)
Handlungskst.	18 %	14 %	37 %	18 %
Gewinn	10 %	15 %	18 %	20 %
Kundenskonto	2 %	2 %	3 %	2,5 %
Kundenrabatt	15 %	5 %	35 %	22 %

6. Berechnen Sie die Handelsspanne für folgende Kalkulationszuschläge:

   a) 90 %   b) 107,4 %   c) 65,5 %   d) 84,5 %   e) 54,7 %

7. Berechnen Sie den Kalkulationszuschlag für folgende Handelsspannen:

   a) 70 %   b) 95 %   c) 40 %   d) 50 %   e) 45,5 %

8. Das Orgelstudio Moll & Durrer kalkuliert mit 18 % Handlungskosten, 12 % Gewinn, 2 % Kundenskonto, 5 % Vertreterprovision und 10 % Kundenrabatt. Eine Orgel der gehobenen Klasse kann nur zu einem Nettoverkaufspreis von 8.500,00 € abgegeben werden.

   Die liefernde Orgelfabrik gewährt 20 % Liefererrabatt und 3 % Liefererskonto. Der Bezugskostenanteil für eine Orgel beträgt 255,00 €.

   a) Auf welchen Einkaufspreis (Rechnungspreis) muss das Orgelstudio drängen?

   b) Die liefernde Herstellerfirma ist mit dem ermittelten Einkaufspreis einverstanden. Das Orgelstudio Moll & Durrer bezieht daher regelmäßig Orgeln zu den genannten Bedingungen. Ermitteln Sie zur Vereinfachung der Kalkulation die Handelsspanne, den Kalkulationszuschlag und den Kalkulationsfaktor.

9. Welche Handelsspanne entspricht einem Kalkulationszuschlag von 30 % und welcher Kalkulationsfaktor einer Handelsspanne von 40 %?

10. Einer Maschinengroßhandlung wird eine Maschine zu 7.900,00 € verkauft. Der Hersteller gewährt 12 % Liefererrabatt und 3 % Liefererskonto. Er berechnet Transportkosten von 155,00 € ohne USt.

    Die Maschinengroßhandlung kalkuliert mit 22 % Handlungskosten, 7 % Vertreterprovision, 2 % Kundenskonto und 15 % Kundenrabatt.

    Die Maschine wird an den Einzelhandel zum Preis von 13.100,00 € veräußert.

    a) Wie viel Gewinn in Euro und Prozent erzielt der Großhändler?

    b) Wie hoch ist der Rohgewinn?

    c) Ermitteln Sie den Kalkulationszuschlag und den Kalkulationsfaktor.

    d) Ermitteln Sie die Handelsspanne.

11. Die Bürogerätegroßhandlung Gerolf Stumpf führt in ihrem Sortiment drei Arten von Typenradschreibmaschinen.

    a) Der Typ 7000 D wurde dem Kunden zum Preis von 798,00 € angeboten. Ermitteln Sie den Einkaufspreis, wenn die Großhandlung mit 15 % Kundenrabatt, 2 % Kundenskonto, 25 % Gewinnzuschlag, 18 % Handlungskostenzuschlag, 12,90 € Bezugskosten und 25 % Liefererrabatt rechnete.

    b) Der Typ 8000 D wurde bei einem Kalkulationsfaktor von 1,66 zu 898,00 € verkauft. Wie hoch waren der Bezugspreis, der Kalkulationszuschlag und die Handelsspanne der Firma Gerolf Stumpf?

    c) Der Bezugspreis für den Typ 8000 LF beträgt 685,00 €, der Nettoverkaufspreis 1.250,00 €.

    Ermitteln Sie den Kalkulationszuschlag.

5107142

12.5 Die Ermittlung des Handlungskostenzuschlags aus den Zahlen der Buchführung

Firma Ingo Windisch, Sportgerätegroßhandel, rechnete bisher mit einem geschätzten Handlungskostenzuschlag von 20 %. Nach Erstellung des neuen Jahresabschlusses soll der Zuschlagsatz genau ermittelt werden.

Die Handlungskosten werden im Kalkulationsschema auf den Bezugspreis(Einstandspreis) aufgeschlagen:

Bezugspreis (Einstandspreis)	100 %
+ Handlungskosten	? %
Selbstkosten	

Beispiel mit Lösung

Aufgabe

Um den Handlungskostenzuschlag (Prozentsatz) zu ermitteln, muss Herr Windisch den Bezugspreis (Einstandspreis) aller Warenverkäufe (= **Wareneinsatz** = Saldo des Wareneinkaufskontos) sowie die Handlungskosten des letzten Geschäftsjahres aus den Zahlen der Buchführung entnehmen. Herr Windisch bevorzugte beim Abschluss der Warenkonten die Bruttomethode, sodass ihm sein GuV-Konto allein das notwendige Zahlenmaterial liefern kann:

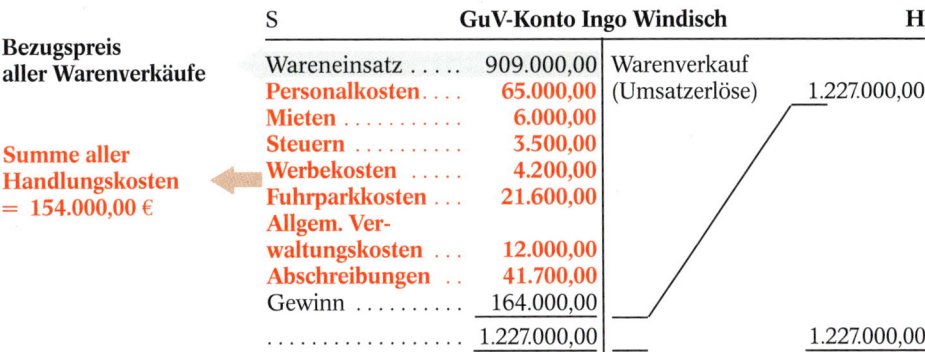

S	GuV-Konto Ingo Windisch		H
Wareneinsatz	909.000,00	Warenverkauf	
Personalkosten. . . .	65.000,00	(Umsatzerlöse)	1.227.000,00
Mieten	6.000,00		
Steuern	3.500,00		
Werbekosten	4.200,00		
Fuhrparkkosten . . .	21.600,00		
Allgem. Ver-			
waltungskosten . . .	12.000,00		
Abschreibungen . .	41.700,00		
Gewinn	164.000,00		
. . . .	1.227.000,00		1.227.000,00

Bezugspreis aller Warenverkäufe

Summe aller Handlungskosten = 154.000,00 €

Lösung

Berechnung des Handlungskostenzuschlages:

Wareneinsatz (= Bezugspreis aller Warenverkäufe)	909.000,00	≙	100 %
+ **Handlungskosten**	**154.000,00**	≙	x %
= Selbstkosten	1.063.000,00		

$$x = \frac{154.000,00 \cdot 100}{909.000,00} = 16,94\,\% \text{ Handlungskostenzuschlag}$$

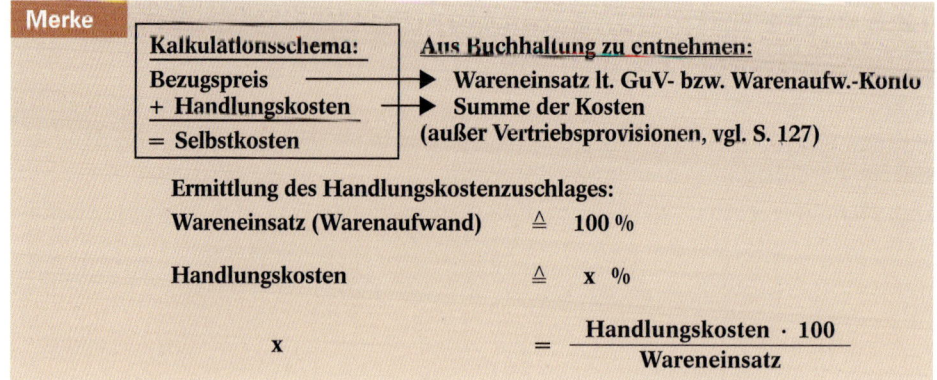

Kalkulationsschema:	**Aus Buchhaltung zu entnehmen:**
Bezugspreis ──────▶	Wareneinsatz lt. GuV- bzw. Warenaufw.-Konto
+ Handlungskosten ──▶	Summe der Kosten
= Selbstkosten	(außer Vertriebsprovisionen, vgl. S. 127)

Ermittlung des Handlungskostenzuschlages:

Wareneinsatz (Warenaufwand) $\triangleq$ 100 %

Handlungskosten $\triangleq$ x %

$$x = \frac{\text{Handlungskosten} \cdot 100}{\text{Wareneinsatz}}$$

Übungen

1. Berechnen Sie den Handlungskostenzuschlag der Brennstoffgroßhandlung Armin Stäubel, die folgendes Gewinn- und Verlustkonto erstellte:

Aufwendungen		GuV-Konto	Erträge
Wareneinsatz	1.934.200,00	Umsatzerlöse	2.433.500,00
Personalkosten	215.000,00		
Mieten	8.500,00		
Steuern	5.200,00		
Fuhrparkkosten	64.400,00		
Allg. Verwaltungskosten	20.200,00		
Abschreibungen	92.000,00		
Eigenkapital	94.000,00		
(Gewinn)			
	2.433.500,00		2.433.500,00

2. Ermitteln Sie den Handlungskostenzuschlag einer Großhandlung mit folgendem GuV-Konto:

Aufwendungen		GuV-Konto	Erträge
Außerordentl. Aufw.	29.700,00	Außerordentl. Erträge	32.600,00
Zinsaufwendungen	6.400,00	Umsatzerlöse	3.359.700,00
Forderungsverluste	15.800,00		
Wareneinsatz	2.893.300,00		
Personalkosten	287.500,00		
Verkaufsprovision	22.000,00		
Fuhrparkkosten	25.100,00		
Allg. Verwaltungskosten	52.800,00		
Abschreibungen	41.200,00		
Eigenkapital	18.500,00		
	3.392.300,00		3.392.300,00

5107144

3. Ermitteln Sie den Handlungskostenzuschlag.

a)

S	Waren		H
AB 20.500,00	SB	24.600,00	
Vbl. 515.000,00	Waren-		
	einsatz	510.900,00	
535.500,00		535.500,00	

Summe der Handlungskosten:
137.700,00 €

b)

S	Waren		H
AB 2.800,00		SB 500,00	
Vbl. 84.700,00	Waren-		
	einsatz	87.000,00	
87.500,00		87.500,00	

Summe der Handlungskosten:
14.200,00 €

4. Ermitteln Sie den Handlungskostenzuschlag.

a)

S	Waren		H
AB 5.400,00	Vbl.	4.100,00	
Vbl. 134.800,00			

S	Bezugskosten	H
Vbl. 6.300,00		

Schlussbestand laut Inventur:
7.800,00 €

Summe der Kosten:
34.200,00 €

b)

S	Waren		H
AB 40.200,00	Vbl.	48.500,00	
Vbl. 690.500,00			

S	Bezugskosten	H
Vbl. 35.200,00		

Schlussbestand laut Inventur:
39.600,00 €

Summe der Kosten:
196.500,00 €

5.

	Warenanfangs-bestand	Warenend-bestand	Waren-einkäufe	Bezugskosten	Kosten
a)	10.000,00 €	15.000,00 €	170.000,00 €	9.000,00 €	25.000,00 €
b)	43.000,00 €	32.000,00 €	390.000,00 €	44.600,00 €	92.000,00 €
c)		4.300,00 €	45.800,00 €	2.100,00 €	17.900,00 €

Berechnen Sie den Handlungskostenzuschlag.

6. a)

A	GuV-Konto		E
Waren-einsatz 382.000,00	Umsatz-erlöse	493.700,00	
Kosten 52.600,00			

b)

A	GuV-Konto		E
Waren-einsatz 195.000,00	Umsatz-erlöse	302.000,00	
Kosten 34.700,00			

Berechnen Sie den Reingewinn, Rohgewinn, Handlungskosten- und Gewinn-zuschlagsatz, Kalkulationszuschlag, Kalkulationsfaktor und die Handelsspanne.

7.

S	Umsatzerlöse		H	S	Kostenkonten	H
Ford. 39.700,00	Ford.	720.500,00		93.000,00		

Warenrohgewinn: 371.000,00 €

Berechnen Sie: a) den Handlungskostenzuschlag,
b) den Kalkulationszuschlag und Kalkulationsfaktor,
c) die Handelsspanne.

8. Gegeben:

- A. o. Aufwendungen 19.700,00
- Wareneinsatz 590.500,00
- Warenendbestand 20.800,00
- Personalkosten 63.000,00
- Umsatzerlöse 831.000,00
- Mietaufwendungen 9.400,00

- Gewerbesteuer 4.300,00
- Zinsaufwendungen.. 8.600,00
- Fuhrparkkosten..... 13.700,00
- Allg. Verwaltungsk... 25.100,00
- A. o. Erträge........ 5.200,00
- Abschreibungen 13.400,00

Gesucht:

a) Reingewinn
b) Rohgewinn
c) Handlungskostenzuschlagsatz

d) Kalkulationszuschlag
e) Kalkulationsfaktor
f) Handelsspanne

12.6 Formelübersicht zur Handelskalkulation

Abkürzungen:
- NVP = Nettoverkaufspreis
- Kazu = Kalkulationszuschlag
- KF = Kalkulationsfaktor
- Haspa = Handelsspanne

$$\text{Rohgewinn} = \text{NVP} - \text{Bezugspreis}$$

$$\text{Kazu} = \frac{\text{Rohgewinn} \cdot 100}{\text{Bezugspreis}}$$

$$\text{Haspa} = \frac{\text{Rohgewinn} \cdot 100}{\text{NVP}}$$

$$\text{KF} = \frac{\text{Kazu} + 100}{100}$$

$$\text{KF} = \frac{\text{NVP}}{\text{Bezugspreis}}$$
→
$$\text{NVP} = \text{KF} \cdot \text{Bezugspreis}$$
→
$$\text{Bezugspreis} = \frac{\text{NVP}}{\text{KF}}$$

$$\text{Haspa} = \frac{\text{Kazu}}{\text{KF}}$$
→
$$\text{Kazu} = \text{Haspa} \cdot \text{KF}$$
→
$$\text{KF} = \frac{\text{Kazu}}{\text{Haspa}}$$

5107146

13 Vermischte Übungen zur Prüfungsvorbereitung

Dreisatz

1. Der Bestand an Schreibmaschinenpapier reicht bei einem täglichen Bedarf von 230 Blatt noch 25 Tage. Wie lange reicht der Vorrat, wenn sich herausstellt, dass pro Tag 250 Blatt benötigt werden?

2. Ein Verkäufer erhielt für den Monat November eine Verkaufsprämie von 6.464,00 € bei einem Monatsumsatz von 80.800,00 €. Wie viel Euro beträgt die Verkaufsprämie für den Monat Dezember, wenn er einen Mehrumsatz von 11.400,00 € erzielte?

3. In einem Neubaugebiet wurden zwei exakt gleiche Hochhäuser errichtet. Für die Montage von Fenstern benötigten beim ersten Hochhaus 5 Arbeiter bei einer täglichen Arbeitszeit von 8 Stunden 30 Tage. Beim zweiten Hochhaus müssen die Fenster in 10 Tagen bei einer täglichen Arbeitszeit von 10 Stunden montiert werden. Wie viele Arbeiter müssen zusätzlich eingesetzt werden?

Verteilungsrechnen

4. An der Großhandlung Goller & Co. sind die Gesellschafter Goller mit 420.000,00 €, Schneider mit 370.000,00 € und Wessel mit 190.000,00 € beteiligt. Laut Gesellschaftsvertrag ist der Jahresgewinn von 182.000,00 € folgendermaßen zu verteilen: Jeder Gesellschafter erhält zunächst 6 % des Anfangskapitals. Der Rest wird im Verhältnis 5 : 4 : 2 (Goller : Schneider : Wessel) aufgeteilt.

   a) Welchen Gewinnanteil erhält jeder Gesellschafter? (Auf volle € runden.)

   b) Ermitteln Sie die Endkapitalien unter Berücksichtigung der Privatentnahmen von Goller (50.000,00 €), Schneider (42.000,00 €) und Wessel (21.000,00 €).

5. Von den Baukosten eines Vereinsheimes tragen der Sportverein $\frac{1}{3}$, ein privater Geldgeber $\frac{1}{4}$, ein Sportgeschäft $\frac{1}{6}$ und die Stadt 100.000,00 €.

   a) Wie viel zahlte jeder?

   b) Wie hoch waren die Kosten des Vereinsheimes insgesamt?

6. Bei der Verteilung eines Erbschaftsbarvermögens in Höhe von 310.000,00 € an vier gleichberechtigte Erben ist zu berücksichtigen, dass Erbe A für sein Studium bereits 30.000,00 €, Erbe B als Mitgift 12.000,00 € und Erbe C zur Hausfinanzierung 8.000,00 € vorweg erhalten haben.

   Welche Summe erhält jeder Erbe unter Berücksichtigung der Vorleistungen ausbezahlt?

Durchschnittsrechnung

7. Ein Fertighausunternehmen verkaufte sein Standardfertighaus zu folgenden Preisen:

25 Stück zu je 310.000,00 €	5 Stück zu je 299.000,00 €
11 Stück zu je 302.000,00 €	2 Stück zu je 288.000,00 €

   Ermitteln Sie den gewogenen Durchschnittspreis. Vergleichen Sie den errechneten Wert mit dem einfachen Durchschnitt.

Zinsrechnung

8. Ein Geschäftsmann erwirbt ein Mehrfamilienhaus. Die monatlichen Mieteinnahmen betragen 3.400,00 €. An Kosten fallen an:
   I. Hypothek über 110.000,00 € zu 7 % Zinsen
   II. Hypothek über 50.000,00 € zu 8 % Zinsen
   Jährliche Abschreibungen: 8.000,00 €
   Jährliche Reparaturen: 2.600,00 €
   Vierteljährliche öffentliche Abgaben: 480,00 €
   Welches Kapital legt der Käufer höchstens an, wenn es sich mit 4 % verzinsen soll?

9. Ist es sinnvoll, zwecks Ausnutzung des Skontoabzugs einen Bankkredit aufzunehmen, wenn die Bank 11 % Zinsen in Rechnung stellt?
   Rechnungsbetrag: 35.800,00 €; Zahlungsbedingungen: Bei Zahlung innerhalb 14 Tagen unter Abzug von 1,5 % Skonto oder innerhalb 60 Tagen netto Kasse.

10. Eine Bank zahlte nach Abzug von 1 % Bearbeitungsgebühr (berechnet vom Darlehensbetrag) und 9 % Zinsen für eine Kreditgewährung vom 16. April bis 16. Aug. 7.968,00 € aus. Ermitteln Sie den Darlehensbetrag, die Zinsen, den effektiven Zinssatz und die Bearbeitungsgebühr.

11. Unser Kunde Sebastian Falkner erhielt folgende Warenlieferungen:
    2.150,80 € am 16. März, Zahlungsziel 30 Tage
    5.320,00 € am 15. April, Zahlungsziel 60 Tage
    9.815,40 € am 18. Juni, Zahlungsziel 14 Tage
    Herr Falkner übergibt uns am 29. August einen Scheck über den Gesamtbetrag einschließlich 7 % Verzugszinsen. Wie viel Euro beträgt die Schecksumme?

12. Das Kapitalkonto eines OHG-Gesellschafters zeigt folgende Entwicklung:

Anfangsbestand	31. Dez.	320.000,00 €	Einlage	16. Aug.	35.000,00 €
Entnahme	14. Febr.	15.000,00 €	Entnahme	20. Okt.	4.000,00 €
Entnahme	15. Mai	12.000,00 €	Einlage	10. Dez.	27.000,00 €

   Ermitteln Sie die Zinsen zum 31. Dez., wenn im Gesellschaftsvertrag ein Zinssatz von 6 % anzuwenden ist.

Diskontrechnung

13. Unser Kunde Sport-Fuchs sendet zum Ausgleich unserer am 10. April fälligen Rechnung über 22.170,00 € einen Wechsel in Höhe von 20.000,00 €, fällig am 24. Juni. Wir reichen den Wechsel zum Diskont bei der Bank ein (Diskontsatz 6 %). Wie hoch ist die Restschuld des Kunden am 10. April?

14. a) Wann ist folgender Wechsel fällig? Wechselsumme 6.500,00 €; Diskontsatz 5 %; Diskont 58,68 €; Einreichungstag 17. Jan.
    b) Wie viel Euro betragen die Wechselsumme und der Diskont?
       Verfalltag 28. Dez.; Barwert 28. Aug.: 9.212,00; Diskontsatz 6 %.

5107148

15. Unser Kunde Sport-Fuchs sendet uns zum teilweisen Ausgleich unserer Forderung über 31.750,00 €, fällig, 29. April, folgende Wechsel:

Nr. 1: 6.250,00 €, fällig 7. Mai   Nr. 3: 9.720,00 €, fällig 24. Juni
Nr. 2:   210,00 €, fällig 8. Mai   Nr. 4: 8.330,00 €, fällig 31. Aug.

Wir reichen die Wechsel am 29. April zum Diskont bei unserer Bank ein. Bedingungen der Bank:

Diskontsatz für die Wechsel Nr. 1 und 3 5,5 %, für die restlichen Wechsel 8 %. Mindestdiskont je Wechsel 5,00 €. 1 ‰ Inkassoprovision für die Wechsel Nr. 2 und 4, mindestens 2,00 € je Wechsel.

Wie hoch ist unsere Restforderung am 23. Juni einschließlich 9 % Verzugszinsen?

Terminrechnung

16. Unser Kunde Sport-Schmiedel schuldet uns aus mehreren Lieferungen

3.800,00 €, fällig 25. März   8.130,00 €, fällig 29. April
9.500,00 €, fällig 16. April   4.860,00 €, fällig 1. Juni

a) Wann muss der Kunde den Gesamtbetrag ohne Zinsvorteile oder -nachteile zahlen?

b) Sport-Schmiedel zahlt den Gesamtbetrag am 19. Mai. Wir belasten ihn mit 9 %Verzugszinsen. Erstellen Sie die Belastungsanzeige.

17. Auf unserem Konto „Verbindlichkeiten gegenüber Surf-GmbH" buchten wir folgende Beträge:

Soll	Verbindlichkeiten gegenüber Surf-GmbH	Haben
Zahlungen **Eingangsdatum**	**Eingangsrechnungen** **fällig**	
15. März 8.208,00	29. März 8.208,00	
16. Juni 3.000,00	25. Mai 5.240,00	
19. Juni 2.000,00	13. Juli 1.250,00	

a) Wann ist die Restschuld ohne Nachteile für beide Teile zur Zahlung fällig?

b) Welchen Betrag müssten wir am 15. Oktober überweisen, wenn uns die Surf-GmbH mit 10 % Verzugszinsen belastet?

18. Eugen Wohlbold benötigt einen neuen Pkw. Er nimmt bei der Bank einen Kleinkredit über 5.400,00 € auf, Laufzeit 8 Monate.

Die Bank berechnet 0,5 % Zinsen je Monat aus dem vollen Kreditbetrag und 0,6 % Bearbeitungsgebühr vom Kreditbetrag. Die Kosten werden zusammen mit der monatlichen Rate getilgt.

a) Welche Monatsraten legt die Bank fest?

b) Welchem effektiven Zinssatz entsprechen die genannten Konditionen?

Wertpapierrechnung

19. a) Ein Schüler kaufte am 2. Februar 3 Stück A-AG-Aktien zum Kurs 410,00. Wie lautet die Kaufabrechnung der Bank? (Vergleiche Spesensätze S. 111).

    b) Am 27. Dezember verkaufte der Schüler die Aktien zum Kurs 625,00. Wie lautet die Verkaufsabrechnung der Bank?

    c) Welchen Gewinn erzielte der Schüler?

20. Erstellen Sie die Kauf- und Verkaufsabrechnungen am 7. Oktober für 31.400,00 € 9%-Pfandbriefe, Kurs 99,50, Zinstermin 1. Februar, Zinsschein mitgegeben (Vergleiche Spesensätze S. 117).

21. Ein Spekulant kaufte am 10. März 01 30 Stück Aktien zum Stückkurs von 190. Der Verkauf der Aktien erfolgte am 20. April 03 zum Stückkurs von 200. Die AG zahlte 8,00 € bzw. 10,50 € Dividende.

    Welche effektive Verzinsung seines eingesetzten Kapitals erzielte der Spekulant? (Pauschaler Spesensatz: 1,04 %)

22. Die Rockband „Cool Eyes" legte am 14. Juli 01 ihre Überschüsse in 22.000,00 € 10%-Pfandbriefe, Nennwert je Stück 100,00 €, zum Kurs von 101 % an. Am 25. August 02 wurden die Wertpapiere zum Kurs von 99 % veräußert.

    Welche Effektivverzinsung erzielte die Band, wenn 0,575 % Spesen vom Kurswert berechnet wurden?

Handelskalkulation

23. Eine Großhandlung für Büroartikel kauft 250 Füller zum Einkaufspreis von 3,15 € je Stück. Der Lieferant gewährt 2 % Skonto und 12 % Rabatt. Die Bezugskosten belaufen sich insgesamt auf 13,50 €. Die Großhandlung kalkuliert mit 10 % Gewinn und 16 % Handlungskosten. Welchen Nettoverkaufspreis verlangt die Großhandlung für 65 Füller, die ein Schreibwarenhändler bestellt hat, dem 3 % Skonto und 20 % Rabatt gewährt werden?

24. Ein Möbelgroßhändler bietet bisher einen Bauernschrank zu 5.200,00 € an. Aus Konkurrenzgründen muss er den Preis um 10 % senken. Welche Einkaufspreissenkung in Euro und Prozent muss er bei seinem Lieferanten durchsetzen, wenn er mit 8 % Kundenrabatt, 2 % Kundenskonto, 15 % Gewinn, 20 % Handlungskosten, 75,00 € Bezugskosten, 2,5 % Liefererskonto und 10 % Liefererrabatt rechnet?

25. Eine Konservenfabrik bietet der Lebensmittelgroßhandlung Legro GmbH Spargel in Dosen zu 240,00 € für 100 Dosen an und gewährt bei Abnahme von mindestens 600 Dosen 10 % Mengenrabatt. Zahlungsbedingungen der Konservenfabrik: „Bei Zahlung innerhalb 10 Tagen Abzug von 2 % Skonto oder innerhalb 30 Tagen netto Kasse."

    Lieferbedingungen: Lieferung ab Werk.

    Die Legro GmbH räumt ihren Einzelhandelskunden 20 % Rabatt und 2,5 % Skonto ein. Als Nettoverkaufspreis kann sie je Stück höchstens 3,90 € erzielen.

5107150

Wie hoch ist ihr Gesamtgewinn in Euro und Prozent, wenn die Legro GmbH 600 Stück bestellt, innerhalb von 10 Tagen zahlt, Bezugskosten von insgesamt 65,00 € verausgabt und mit einem Handlungskostenzuschlag von 25 % rechnet?

26. Eine Großhandlung kalkuliert mit 15 % Handlungskosten, 8 % Gewinn, 2 % Kundenskonto, 3 % Liefererskonto, 12 % Kundenrabatt und 18 % Liefererrabatt.
Ermitteln Sie den Kalkulationszuschlag und Kalkulationsfaktor.

27. Ermitteln Sie den Rohgewinn, Kalkulationszuschlag und Kalkulationsfaktor, wenn der Bezugspreis 1.680,00 €, der Einkaufspreis 1.810,00 € und der Nettoverkaufspreis 2.360,00 € betragen.

28. Wie viel Prozent beträgt die Handelsspanne, wenn eine Großhandlung mit 5 % Liefererrabatt, 2 % Liefererskonto, 20 % Handlungskosten, 10 % Gewinn, 2 % Kundenskonto und 16 % Kundenrabatt kalkuliert?

29. Ermitteln Sie den Kalkulationsfaktor und die Handelsspanne bei einem Kalkulationszuschlag von 30 %.

30. Wie hoch sind der Kalkulationszuschlag und der Kalkulationsfaktor bei einer Handelsspanne von 60 %?

31. Ein Motorradhändler kalkuliert mit 16 % Handlungskosten, 13 % Gewinn, 2 % Kundenskonto und 15 % Kundenrabatt. Ein Motorrad einer bestimmten Marke kann nur zu einem Nettoverkaufspreis von 9.200,00 € abgegeben werden.

Die liefernde Motorradfabrik gewährt 18 % Liefererrabatt und 2,5 % Liefererskonto. Der Bezugskostenanteil für ein Motorrad beträgt 245,00 €.

a) Auf welchen Einkaufspreis muss der Händler drängen?

b) Die liefernde Herstellerfirma ist mit dem ermittelten Einkaufspreis einverstanden. Der Händler bezieht daher regelmäßig Motorräder zu den genannten Bedingungen. Ermitteln Sie zur Vereinfachung der Kalkulation die Handelsspanne, den Kalkulationszuschlag und den Kalkulationsfaktor.

Sachregister